烘干失重法
水分检测技术

凌 菁◎著

上海交通大学出版社
SHANGHAI JIAO TONG UNIVERSITY PRESS

内容提要

本书共分为 7 章，以国家自然科学基金项目"预估节能型粮食水分快速测定仪"（61663039）为理论和实践研究基础，结合干燥动力学、热力学理论从烘干失重法被测对象的结构特点及热力学性质出发，阐述了试样烘干失重过程的传热、传质机理，并通过实验研究加以论证，提出基于传统烘干失重法的改进方式，并结合仪器设计实例及水分测定仪的行业标准《JJG 658-2022 烘干法水分测定仪》对仪器设计和检定方法以及不确定度进行了分析和论述。本书可为从事相关计量检测检定及从业人员提供参考，同时可为检测、控制和信息处理方面的科研和工程技术人员提供有益借鉴。

图书在版编目（CIP）数据

烘干失重法水分检测技术 / 凌菁著 . -- 上海：上海交通大学出版社，2024.10 -- ISBN 978-7-313-30880-1

Ⅰ . TH83

中国国家版本馆 CIP 数据核字第 2024G7T462 号

烘干失重法水分检测技术
HONGGAN SHIZHONGFA SHUIFEN JIANCE JISHU

著　　者：凌　菁

出版发行：上海交通大学出版社　　　地　　址：上海市番禺路 951 号

邮政编码：200030　　　　　　　　　电　　话：021-64071208

印　　制：定州启航印刷有限公司　　　经　　销：全国新华书店

开　　本：710mm×1000mm　1/16　　印　　张：11.75

字　　数：161 千字

版　　次：2024 年 10 月第 1 版　　　印　　次：2024 年 10 月第 1 次印刷

书　　号：ISBN 978-7-313-30880-1

定　　价：78.00 元

前　言

水分含量是决定物质物理、化学、生物特性的重要指标。烘干失重法水分测定具有精度高、应用范围广的优势，是众多行业固体试样水分含量测定的标准方法和仲裁依据。

从我国自行研制的第一台模拟型烘干失重法水分测定仪问世，烘干失重法水分测定技术经历了跨越式的发展，在仪器硬件结构和软件设计方面都有了长足的进步。在应用领域方面，烘干失重法水分测定仪已经从粮食食品行业扩展到了轻工、纺织、医药等行业；从仪器硬件设计方面而言，称重单元从原有的机械称重传感器发展到应变片式传感器、数字称重传感器，一些新型的数字式传感器还融入了许多智能化功能，在称量精度、远程监测、数据处理及故障监测方面具有更好的便捷性和可靠性；在干燥机理及水分测定算法方面，国内外众多专家分析了不同被测试样的干燥机理并设计水分含量预估方法，以期为预估型烘干失重法水分测定仪的成功研制做出贡献。

传统烘干失重法依据试样干燥前后的质量差计算物质水分含量，耗时费电，一次测量需要 1～2 h。长期以来，测量准确性和快速性之间的矛盾一直使烘干失重法水分测定仪的应用受到限制。为了突破烘干失重法水分测定仪耗电费时的技术瓶颈，国内外学者通过两个方面对烘干失重法进行了改进。

（1）利用红外、微波加热的方法提高干燥箱的热效率。

（2）将智能信息处理方法应用于传统烘干失重法的数据分析与处理

过程，在试样未完全烘干状态下准确"计算"物质的水分含量。

一方面，众多研究成果表明，被测试样的干燥特性作为物质的固有属性，单纯改进热源的方法无法从根本上提升传统烘干失重法的检测效率；另一方面，烘干失重法水分含量预估融合方法的研究尚处于探索阶段，在试验对象广泛性、建模机理分析及预估准确性方面存在较多不足，没有成熟的技术和产品问世。

本书在国家自然科学基金项目"预估节能型粮食水分快速测定仪"（61663039）的资助下，从七个方面对烘干失重法水分测定技术的发展做出了论述。

（1）物质水分测定技术与方法综述。本书从阐述水分检测的重要意义出发，归纳总结物质水分含量检测的原理，较为全面地论述了现有水分测定原理与仪器的研究进展，其中，烘干失重法作为水分测定的标准方法，在测定结果的准确性及适用对象的广泛性方面有着不可替代的优势。

（2）烘干失重法干燥机理研究是方法应用、仪器设计及技术革新的重要基石，为其提供了理论支撑。红外加热干燥法作为现有烘干失重法水分测定仪的主要加热方式，具有加热迅速、吸收均匀、加热效率高、化学分解少的优点，本书从分析被测试样的结构和参数特征入手，结合红外辐射的基本定律与匹配吸收理论，对烘干失重法红外干燥过程的传质、传热机理进行了深入的剖析与探究，为后续验证实验和仪器改进奠定了理论基础。

（3）在前期理论研究的基础上，选择典型被测试样，通过验证性实验探究试样烘干失重过程的共性及不同品类试样干燥失水过程的特性，为后续提出烘干失重法水分测定具有可预估性的设想提供实验依据。为此，本书将干燥动力学理论对物质干燥特性的分类方法用于烘干失重法被测试样的分类，筛选典型被测试样进行全面的烘干失重法水分测定试验研究，通过分析研究试样干燥特性曲线的阶段性特征，将烘干失水曲线、失水速度曲线作为考察指标，分析试样品类、烘干温度、试样粒径、初始水分含量及初始质量对试样干燥特性的影响。

（4）在物质干燥机理分析和实验研究的基础之上，本书提出了烘干失重法水分测定过程具有可预估性的设想。为了加以验证，首先提取和对比烘干失重法水分测定的典型被测试样红外干燥曲线的阶段性特征，进一步将试样归纳为类胶体多孔介质型和类毛细管多孔介质型；其次，确定降速干燥阶段的稳定性和升速干燥阶段的差异性是试样烘干失重过程可预估性的主要特征；最后，应用 Luikov 理论建立了烘干失重法干燥模型，为后续引出烘干失重法水分测定预估融合方法打下理论基础。

（5）大数据技术和智能信息处理技术的发展加速了不同学科间的融合，也为传统检测理论和技术的发展注入了新的活力。若能够对被测试样的烘干失重过程建立可靠的数学模型，或充分挖掘典型试样的红外干燥数据的典型特征进行训练，结合智能信息处理方法，在物质未达到完全烘干状态时准确估计试样的水分含量，可大幅缩短测定时间。鉴于此，本书将对现有干燥过程水分含量预估融合方法进行总结和归纳，以期在智能检测和智能信息处理高速发展的背景下创造更多更有效的烘干失重法水分预估融合方法。

（6）笔者结合多年研究与设计经验，给出一种 DSP+MCU 的结构方式的烘干失重法水分快速测定仪的设计实例，对标行业标准详细介绍了仪器的主要功能、技术指标等。称重系统和红外干燥箱是烘干失重法水分测定仪的核心模块，本书从硬件设计、数据处理及装置校正等方面对称重系统准确称量被测试样质量进行分析和论述，对于红外干燥箱模块则针对控温过程的精准稳定，给出了相应的硬件电路和智能温控算法设计实例。

（7）国家市场监督管理总局于 2022 年 12 月发布了新的仪器检定规程《烘干法水分测定仪》（JJG 658—2022），对其生产设计和检定过程提出了严格的要求。本书参照国家最新标准对正常工作状态下仪器的示值误差、重复性及水分测定结果误差等计量性能指标进行分析，引入实例计算了烘干失重法水分测定仪的测量不确定度，希望这些设计经验和应用实例能够为烘干失重法水分检测技术的应用与革新提供有益的参考。

本书的编写工作主要由广州航海学院凌菁副教授完成，本书在撰写过程中得到了湖南大学电气与信息工程学院和湖南师范大学工程与设计学院多位专家的悉心指导与大力支持。他们针对本书的学术观点等，提供了极具价值的意见和建议。在此，对各位专家、老师表示深深的敬意和感谢。

目　录

第1章　水分检测技术综述

水分检测在各行各业中都发挥着重要作用，水分检测精度对品质和安全非常重要，可以保证产品达到标准要求，避免霉菌、微生物等问题的发生，水分准确测定能为产品品质提升和外贸谈判提供重要依据。

本章旨在阐述水分检测的重要意义，归纳总结物质水分含量检测的原理，较为全面地论述烘干失重法水分测定仪的研究进展。本章将分别论述物质水分检测的意义、直接与间接水分测定方法及现有水分测定仪，为读者理解后续章节的内容奠定基础。

1.1　物质水分含量测定的意义

液体、固体物质中的水分量称为水分含量（moisture content），空气中水分量则用湿度（humidity）表示。本书所指水分是液体、固体物质中所含水分的量，即水分含量。

固态物质中的水分主要以两种形式存在。

（1）非结合水分。非结合水分又称为游离水，水分子以偶极作用力、诱导作用力、色散力等分子间力与其他物质相互作用，吸附或凝聚在物质的表面、内部、细胞间隙和分子细胞内。非结合水具有普通水的一般性质，能作为溶剂使用，是物质进行生化反应的介质，能在环境温度、湿度的影响下自由出入。以谷类粮食为例，当其水分含量达到14%～15%时开始出现非结合水。

（2）结合水。水分子与其他物质亲水基团，如 $-ON$、$-NH_2$、NH、$-ROH$ 等相互结合形成氢键，水分被束缚于物质的组织结构中，成为结合水。结合水性质稳定，不易散失，不能做溶剂用，不参与物质内部的生化反应。由于化学键的存在，要排出结合水，需要消耗较多的能量。

物质水分含量的准确测定主要有以下意义。

（1）物质水分含量的准确测定为工农业产品安全储藏提供了有力保障。

"国以粮为本，民以食为天。"根据国家统计局发布的对全国 31 个省（区、直辖市）的抽样调查和农业生产经营单位的统计：2022 年 31 个省（区、直辖市）夏粮、早稻和秋粮产量的总和达 $6\,865.5 \times 10^8$ kg，比上年增加 37×10^8 kg，增长 0.5%，创下新高。这也是粮食总产量连续 8 年保持在 $6\,500 \times 10^8$ kg 以上，其中，谷物产量 12 665 亿斤，比上年增长 5×10^8 kg。此外，全国粮食播种面积 $17.749\,8 \times 10^8$ 亩（1 亩 $=66.6$ m²），比上年增长 0.6%，粮食单位面积产量 387 kg/ 亩[①]。据统计，截至 2021 年我国粮食产量为 6.83×10^8 t，粮食作物种植面积为 1.18×10^8 km²，我国年产粮食超 5×10^8 t，但每年因气候等原因来不及干燥、干燥不及时或未达到储藏水分要求而造成霉变、发芽的粮食高达 5%。我国粮食烘干机械化不足 10%，发展水平较落后。

（2）我国人口基数大，对制造业、医疗业与农业等行业的需求旺盛，水分检测在各行各业中扮演着无可替代的角色。水分含量是粮食、油品、木材、煤炭等有关物资评级定价的重要指标，水分准确测定能为产品品质提升和外贸谈判提供重要依据。

2013 年 11 月，国家质量监督检查检疫总局颁布的《粮油储藏技术规范》（GB/T 29890—2013）明确提出"按含水量划分储粮等级"，并根据

[①] 国家统计局 . 国家统计局关于 2022 年粮食产量数据的公告 [EB/OL].(2022−12−12)[2023−11−16].https://www.stats.gov.cn/sj/zxfb/202302/t20230203_1901673.html.

粮食水分与储藏环境温度的关系，提出了粮食储藏的安全水分、半安全水分和危险水分的标准。各地区粮食部门和仓储企业在具体执行该规范时，都根据本地气候特征和粮食品种制定了粮食水分控制指标，并以此作为收购和调拨环节重要的限制性检测指标。依据《大米》（GB 1354—2009）的规定，大米的储藏、收购及流通环节中的评级定价的指标主要包括出糙率、整精米率、杂质及水分含量，其中籼米、籼糯米的水分含量应低于14.5%，粳米、粳糯米的水分含量应低于15.5%，凡高于或低于标准规定的水分指标，要进行增扣量或增扣价处理。

（3）水分含量的高低不仅是以质论价的依据，也是很多农产品（粮食、肉类）保持其质构及食味品质的必要因素。当水分含量低于13%时，大米加工过程中的碎米率明显升高，且食味品质明显下降，为达到最佳食味品质，应将大米水分含量控制在15%左右。

我国的水分检测行业在一定程度上依然处于起步阶段，随着各行业对物质水分含量的检测要求不断提高，如何设计快速而准确的水分含量检测方法成为专家学者的研究热点，同时也推动了相关生产企业不断改进水分检测设备。

1.2　水分含量检测的原理与方法

随着科技的发展，针对不同的检测需要不断衍生出水分测定的新方法，依据不同的检测方法，水分测量方法可分为直接测量方法和间接测量方法。常用水分检测方法如图 1.1 所示。

直接法水分测定主要包括烘干失重法测定和化学法测定，这两种测定方法都是水分测定的标准方法。烘干失重法适用范围广、检测精度高，是众多行业固体物质水分测定标准方法；化学法则是精准的微量水分测定标准方法，特别适用于易氧化分解、热敏性或含有大量挥发性组分的被测试样。该方法需要操作人员具有相关的化学基础，同时要注意的是，若采用直接进样方法，由于卡氏试剂本身极易与水反应，检测结果易受到试验环境相对湿度的干扰。

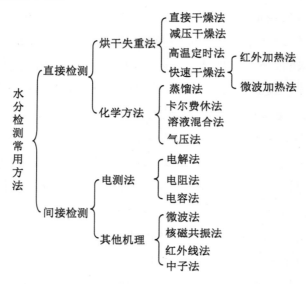

图 1.1　水分检测常用方法

1.2.1　直接检测法

　　烘干失重法以其广泛的测试对象、简单的测定步骤、精准的测定结果，一直作为国内外水分测定领域的标准方法，其测定原理为在一定的干燥条件下，被测试样中的水分及挥发性组分脱离试样本体而逸失，失去物质量（测定前后试样质量差值）与试样干燥前质量之比定义为该物质的水分含量 M，即

$$M = \frac{m_1 - m_2}{m_1} \times 100\% \qquad (1.1)$$

式中，m_1 为被测试样干燥前的质量（g）；m_2 为被测试样干燥后的质量（g）。

　　根据试验条件的不同，烘干失重法又分为直接干燥法、减压干燥法、高温定时法和快速干燥法等。

1. 直接干燥法

在正常压力下，在（105±2）℃恒温条件将试样干燥至恒重，干燥介质为空气，通过称量干燥前后试样的质量，计算物质的水分含量。其测量步骤如图 1.2 所示。

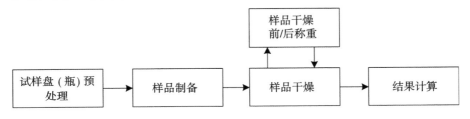

图 1.2 直接干燥法水分测定原理

试样制备前，选取清洁的试样盘（瓶）并烘干至恒重。为加速被测试样水分逸失，通过粉碎、过筛均匀分取等过程对被测试样进行制备，使试样达到粒径小、水分含量均匀的要求。对于浓稠态试样在干燥过程中其表面易出现"结痂"现象而使内部水分蒸发受阻，故在测定前需加入定量、纯净、干燥的海砂以分散试样，扩大水分挥发面积。

2. 减压干燥法

减压干燥法又称负压干燥法。依据热物理学理论，在低压（3 ~ 53 kPa）、低温（4 ~ 100 ℃）条件下，利用低压环境下水沸点降低的原理，将取样后的称量皿置于真空烘箱内，在选定的真空度和烘干温度下干燥试样至恒重，即可测定试样中的水分含量。其优点在于烘干温度较低，尤其适用于含热敏性高、高温下易分解的被测试样，如糖制品、味精制品、动物油脂等。

3. 高温定时法

针对直接干燥法水分测定过程耗时长、效率低的问题，对于在高温条件下热稳定性好的试样，可通过固定干燥时间、提高烘干温度（130 ℃）的干燥方法以提高水分含量的测定效率。常用的高温定时法为隧道式干燥箱法。利用隧道式干燥箱代替恒温干燥箱，高温定时法的干燥条件为（130±2）℃（油料）、30 min 或（160±2）℃（粮食）、20 min 两种，到所定时间即直接给出试样的水分含量值。

4. 红外加热干燥法

红外线的波长基本处于 0.75 ～ 1 000 μm，如图 1.3 所示。红外加热干燥法是充分利用水分子的物理特性，利用匹配吸收原理，使被测试样内部的水分子在红外辐射加热条件下剧烈运动而加速升温，使试样内部水分充分挥发逸失。红外加热干燥法具有热效率较高、热均匀性好、热惯性小且易于精准控制的特点，在烘干失重法水分测定仪的设计和生产领域得到了广泛应用。

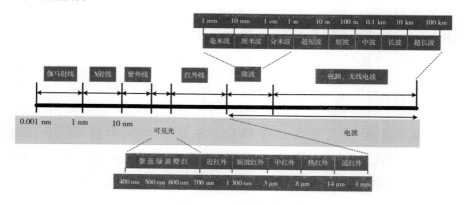

图 1.3　电磁波波谱图

5. 微波加热法

微波加热法的原理是利用磁控管所产生的微波（通常微波频率为 915 MHz 或 2 450 MHz），使试样中的水分子产生剧烈振荡，"摩擦"而迅速升温。介质吸收的微波功率为

$$P_a = 2\pi\varepsilon_0\varepsilon'\tan\delta E^2 f \qquad (1.2)$$

式中，ε_0 为真空中的介电常数，$\varepsilon_0 = 8.85\times10^{-12}$（A·s）/（V·m）；$\varepsilon'$ 为介质的介电系数，无量纲；$\tan\delta$ 为介质的损耗正切值；E^2 为电场强度（V/m）。

由式（1.2）可知，微波加热法是将电场能转化为分子势能，进而转化为热能。

烘干失重法是粮油食品、医药化工等众多行业固体试样水分测定的标准方法。美国分析化学家协会（Association of Official Analytical Chemists, AOAC）、国际标准化组织（International Organization for Standardization, ISO）及国家标准化管理委员会相继制定了以烘干失重法为基础、针对不同被测试样的水分测定标准方法。我国利用烘干失重法测定水分含量的国家标准，如表 1.1 所示。

表 1.1　烘干失重法水分测定国家标准摘要

标准编号	标准名称	标准编号	标准名称
GB/T 7172—1987	土壤水分测定法	SC/T 3212--2017	盐渍海带
GB/T 10362—2008	粮油检测　玉米水分测定	GB/T 18394—2020	畜禽肉水分限量
NY/T 705—2003	无核葡萄干	GB/T 13025.3—2012	制盐工业通用试验方法水分的测定
GB/T 1931—2009	木材含水率测定方法	GB 5009.3—2016	食品中水分的测定
《中国药典》（2015版）通则 0832	水分测定方法	JGJ 52—2006	普通混凝土用砂、石质量及检验方法标准

由表 1.1 可知，烘干失重法广泛应用于农业、工业和制造业等各个领域，对国民经济及居民生产生活影响巨大。本书对表 1.1 中所列国家标准中的烘干失重法的应用范围与前提条件、样品制备、器皿选择及干燥条件的设定进行归纳总结，结果如表 1.2 所示。

表 1.2　烘干失重法水分测定国家标准主要条目与细则

标准条目	标准细则
前提条件	被测试样在运用烘干失重法测量过程中，水分是唯一可挥发性物质，由达到恒重条件，判断试样中的水分被完全排除；在加热过程中由化学反应而引起的质量变化不计入水分测定计算过程
样品制备	以食品水分测定为例，对于固体试样，称取 2～10 g 试样（精确至 0.001 g），将混合均匀的试样迅速研磨至颗粒小于 2 mm，不易研磨的样品应尽可能切碎。试样堆积厚度不超过 5 mm，如为疏松试样，厚度不超过 10 mm。对于半固体和液体试样，取洁净的称量瓶，内加 10 g 海砂（试验过程中可根据需要适当增加海砂的质量）与 5～10 g 的试样（精确至 0.001 g），搅拌均匀
器皿选择	（1）玻璃称量皿——耐酸碱性强、不受样品性质的限定 （2）铝制试样盘——质量轻，导热性好，不适宜酸、碱性试样称取
温度设定	烘干温度一般为（105±2）℃；对于某些特殊试样，如茶叶烘干温度为（103±2）℃；对于热稳定性较好的粮食试样，可应用 130 ℃高温定时法（快速法）进行烘干；对于茶叶试样，高温定时法水分测定的干燥条件设置为 120 ℃条件下烘干 1 h

化学法测定物质水分含量主要包括蒸馏法、卡尔－费休法。其中又以卡尔－费休水分测定法最为准确，此方法与烘干失重法是国内外通用的物质水分标准测定方法。

6. 卡尔－费休法

卡尔－费休水分测定法的原理为下述化学反应方程：

$$I_2 + SO_2 + 3C_5H_5N + CH_3OH + H_2O \longrightarrow 2C_5H_5NHI + C_5H_5NSO_4CH_3$$

利用"碘氧化二氧化硫时需要一定量水参加反应"的原理，根据碘的消耗量即可算出水分含量。滴定终点既可用反应中的游离碘的颜色判断，也可用永停法，但在测定微量水分或深色样品时必须采用永停法。化学检测法常用于检测易燃易爆或仅含有微量水分的被测物，其优点是检测精度高、稳定性强，但需要操作人员有一定的化学基础，同时完成检测所需的测试试剂成本较高，限制了该方法的应用与推广。

7. 蒸馏法

蒸馏法是利用与水不相溶的试剂（甲苯、二甲苯）组成沸点较低的二元共沸制剂，与被测试样混合后进行蒸馏，利用水分溶解性、密度不同的性质等，测量蒸馏出水分的体积大小，计算出水分含量。其测量精度略高于一般干燥法，但由于对试样物理、化学性质要求较高，此方法一般适用于油脂水分含量的测定。

1.2.2　其他间接检测方法

间接法是通过与水分含量有关的物理量（如物质电导率、介电常数等）的检测，可以较快测得样品的水分含量。常用水分含量间接测量方法为电测法。随着科技的发展，水分测定方法不断发展，出现了微波法、中子法、红外线法、核磁共振法等新的水分测定方法。

1. 电阻法

利用物质不同水分含量对应的不同阻值来测定试样水分含量，被测试样的电阻值会随着水分含量的增加而减小。在检测过程中，将金属探头插入被测试样中，通入电流，根据电阻和水分含量的关系求解试样的水分含量。由于水的电阻很小，被测试样水分含量的变化必然引起其导电能力的变化，水分含量越高，电阻越小，被测试样的电阻Z_x与水分含量M之间呈指数关系，即

$$Z_x = Z_0 e^{-aM} \tag{1.3}$$

式中，Z_x为试样阻抗（Ω）；M为试样水分含量（%）；Z_0、a为试样特性常数，无量纲。

该方法具有低成本、快速检测、实时检测的特点，但检测易受外界的干扰，如电极的位置、距离、电极插入的深度，以及被测试样所受的压

力、试样的紧实度等因素都会影响水分含量的检测。依据此法设计完成的水分测定仪必须运用国标法——烘干失重法进行标定。

2. 电容法

电容法测量物质的水分含量取决于物质水分与介电常数间的关系，可表示为

$$C = \frac{S\varepsilon_0\varepsilon_r}{d} \qquad (1.4)$$

式中，S 为电容器极板面积（m^2）；d 为电容器的板间距离（m）；$\varepsilon_0 = 8.85 \times 10^{-12} F/m^2$，为真空介电常数；$\varepsilon_r$ 为待测样品的相对介电常数，无量纲。

水具有较高的介电常数（在室温 20 ℃ 时，频率低于 1 GHz 时为 80.1），而空气的介电常数为 1.0，粮食为 2.5 ～ 4.5、食用油为 2.0 ～ 4.0。试样水分含量的高低将直接影响相对介电常数 ε_r 的大小，从而达到检测水分含量的目的。根据被测物质的特性，电容的电极结构又分为平板式和圆筒式等。

电容法测定的优点在于简便经济，设备成本低，可实现在线检测。该方法一般用于测定木材、粮食、纸张等被测试样。与电阻法相类似，电容法的测定过程中的检测数据较复杂、影响因素繁多（被测试样的温度、品种、紧实度等影响）。

3. 红外光谱法

红外光谱法水分测定仪测定水分依据的理论是比尔定律。利用水分对特定波长红外光的吸收能力，通过检测反射或透过的红外光谱能量对水分含量进行检测。水的红外吸收光谱显示，水分子在 3 μm 附近、5 ～ 7 μm 谱区都有明显吸收，通过被测样品后的光强为

$$I = I_0 e^{-K\delta M} \qquad (1.5)$$

式中，I_0 为通过被测试样前的光强（W/m^2）；K 为吸收系数（cm^{-1}）；δ 为

被测试样的厚度（cm）；M 为被测试样的水分含量（%）。

对式（1.5）两边求取对数，可得

$$M = \frac{1}{K\delta} \ln \frac{I_0}{I} \qquad (1.6)$$

该方法是一种无损检测的方法，能够实现快速在线检测。该方法具有便捷性，但精度受到物质的厚度、密度及测试环境温度等方面的影响，需要针对影响因素做相应的校正。

4. 微波法

介电常数是表征电介质或绝缘材料电性能的重要参数，用 ε 表示。由于水的介电常数相较于其他物质而言非常大，在超高频范围内存在介电损耗最大值。微波法就是利用超高频能量通过试样产生能量损耗的变化计算出水分含量。将超高频能量在含水物质中的衰减量 W（dB）用电磁能量关系表述为

$$W = 8.68\alpha_B M \rho' K \delta + |\tau| - |\tau| e^{-2\alpha_B t} \cos 2B\delta \qquad (1.7)$$

式中，M 为相对水分含量（%）；$|\tau|$ 为空气与被测试样之间的反射系数的模；B 为含水物质的相数；α_B 为水的衰减系数；ρ' 为密度因数；K 为材质因数；δ 为被测物的厚度（m）。

当厚度 δ 足够大时，试样的水分含量 M 与超高频能量损耗 W 之间的关系可近似表示为

$$M = \frac{W - |\tau|}{8.68\alpha_B \rho' K \delta} \qquad (1.8)$$

依据式（1.8），可将单个或多个微波频率通过检测物，利用检测物的介电常数随水分含量的变化特征，结合微波损耗大小来推测出水分含量。然而介电常数受频率、温度、含水量、容量密度等因素影响，与红外光谱法类似，也需要针对不同检测物对结果进行校正。该方法具有快速、

无损等检测优点，但测试仪器操作复杂、成本相对较高。

5. 中子法

中子法主要依据中子散射原理测定水分含量，运用发射快中子的中子源使发射出的快中子和含有氢原子核的物质撞击，减速而演变为慢中子，通过测定慢中子的密度即可计算物质含氢原子总量，从而间接计算被测物质的水分含量。描述碰撞后能量损失过程的数学模型为

$$\Delta E = E\left[1-\left(\frac{A-1}{A+1}\right)^2\right] \tag{1.9}$$

式中，ΔE为中子损耗的能量（J）；E为快中子的能量（J）；A为元素的质量数，无量纲。

由于氢元素的质量数为1，即损失的能量最大，从而使发射出的快中子减速为慢中子。作为一种比较先进的水分测定方法，它无须破坏物质结构，不妨碍物料正常运行，还能够测量处于冰冻状态的物质水分。由于测定结果受被测物料的密度、外形等因素的影响较大，仪器标定较为烦琐，对于操作人员的技术要求较高，需要特别的防护，未被推广使用。

6. 核磁共振法

核磁共振（nuclear magnetic resonance, NMR）是指具有固定磁矩的原子核（如 ^1H、^{13}C、^{31}P、^{19}F、^{15}N、^{129}Xe 等）在恒定磁场与交变磁场的作用下，与交变磁场发生能量交换的现象。核磁共振法是在一定条件下原子核自旋重新取向，从而使粮食在某一确定的频率上吸收电磁场的能量，吸收能量的多少与试样中所含的核子数目成比例。目前，应用较为广泛的是以氢核为研究对象的核磁共振技术。传统的水分测定方法无法对水分的流动性和试样内部水分的分布情况进行检测，而核磁共振及其成像技术则具有检测迅速、精度高、测量范围宽、可区分自由水和结合水、可进行在线

测量的优势。该方法的不足之处在于仪器昂贵、保养费用高。检测结果的主要影响因素为试样的堆积密度和检测环境。

7. 太赫兹成像法

太赫兹（terahertz）一般是指频率范围为 0.1 ～ 10 THz（1 THz =10^{12} Hz）的一段电磁波，位于微波和远红外之间，是光子学向电子学的过渡区域，在电磁波波谱中占有很特殊的位置。研究发现，物质中水分子在平衡位置附近处平动和转动的弛豫时间处于皮秒、亚皮秒量级，在与太赫兹波相互作用时会进行选择性吸收。国内外学者利用太赫兹波段测试水的特性谱，测量物质水分含量，同时对其内部组织特性等展开研究，并取得了一定的进展。利用太赫兹成像法检测物质水分含量的主要设备是透射式太赫兹时域光谱系统扫描台，作为精密的检测设备，系统主要分为四个部分：太赫兹源、太赫兹发射器、太赫兹探测器及相关的光路系统。

间接法水分测定可以通过对与水分含量有关的物理量（如物质电导率、介电常数等）的检测，较快测得试样的水分含量。常用的电测法有电阻法、电容法、红外光谱法、中子法及太赫兹成像法等。

本书对各种类型的水分测定方法原理与特点进行总结和比较，得到的结果如表 1.3 所示。

表 1.3　常用水分测定方法对比

检测方法	优　点	缺　点
烘干失重法	仪器精度高，适用范围广，是国家标准方法	对水分含量高、水分分布不均匀试样的检测时间较长
化学法	测量精度高，适宜于微量水分测定	检测结果易受环境湿度影响，卡氏试剂的储存和使用需特殊防护，检测过程中应考虑副反应的影响
间接法	可实现水分无损、快速测定	检测精度受测量条件（温度、湿度、试样制备条件等）影响较大、复现率低，仪器须利用烘干失重法多次标定，不能作为水分测定的标准方法

在运用电阻法测定水分含量时，除了试样水分含量影响输出电阻或阻抗值外，环境温度与容积密度也是影响电阻或阻抗值的主要因素，很大程度上影响了仪器的测量精度。电容法在实际应用中，传感器检测到的信号往往是电容参数与电阻参数交织在一起，影响信号检测准确度。红外光谱法作为一种无损检测的方法，能够实现快速在线检测，但检测精度易受到物质的厚度、密度及测试环境温度等方面的影响，需要针对影响因素做相应的校正。中子法和核磁共振法基于试样结构中氢质子组分及运动特性进行检测，系统结构较为复杂，设备造价较高，制约了仪器的推广与应用。微波法是利用水对微波能量的吸收原理进行水分含量测定，其测量值与试样成分有关，检测结果易受到频率、温度、含水量和容量密度等因素的影响。太赫兹成像技术水分测定作为新兴的水分测定技术，具有非接触性、非破坏性及高分辨率的特点。然而，太赫兹波容易被空气中的水分子吸收，对检测环境的温度及湿度要求很高，且需要复杂的数据预处理及检测后数据融合处理。

综上所述，随着科技的发展，针对不同的检测需要不断创造出新的水分测定方法。烘干失重法因其有广泛的测试对象、简单的测定步骤、精准的测定结果，一直是国内外水分测定领域的标准方法。

1.3　现有水分测定仪概述

近30年来，现代传感器技术、自动控制技术、半导体技术及现代通信技术的迅猛发展，为水分的检测提供了多种先进的科学依据。国内外的研究人员应用不同的检测原理开发了多种水分测定装置，以求进一步提高水分测定的可靠性及稳定性。依据检测原理的不同，可以将市售的水分测定仪分为烘干法水分测定仪和间接法水分测定仪两个大类。

1.3.1　烘干法水分测定仪

在 20 世纪 80 年代以前，运用烘干失重法测定水分分为加热和称量两个独立步骤，需要电热恒温干燥箱、称量盘（瓶）、电子天平等设备，测定过程需要重复加热、冷却、称量的步骤，直至试样达到恒重，操作烦琐冗长，完成一次测量耗时达 4 ～ 6 h，严重降低了水分测定效率。

20 世纪 80 年代出现了将电子天平与微型干燥箱结合起来的烘干失重法水分测定仪，极大地简化了水分测定操作步骤，测定时间缩短到 1 ～ 2 h（测量时间与被测物质初始水分含量及热力学特征有关）。烘干失重法水分测定仪的演化过程如图 1.4 所示，该类仪器一经问世就迅速成为食品、医药、化工、纺织、煤炭等行业固体水分含量测定的仪器。

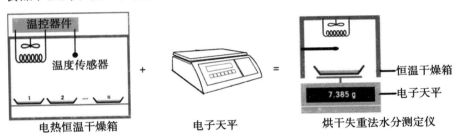

图 1.4　烘干失重法水分测定仪的演化过程

烘干失重法水分测定仪研制的初级阶段局限于对仪器结构的简单改进，虽然简化了测定步骤，但未能解决烘干失重法水分测定仪耗时费电、检测效率低的问题。为提升水分检测效率，人们不断对干燥箱热源进行改进，加热方式由最初的采用电阻丝加热的方式发展为采用红外加热、卤素加热、微波加热、混合加热等方式，以此为契机，第二代烘干失重法水分测定仪应运而生。通过改进热源，很大程度上提高了烘干失重法干燥过程的热效率与热均匀性，大幅提升了水分测定效率。

第三代烘干失重法水分测定仪的研发目标是智能化，在仪器结构上不再局限于恒温干燥箱与电子天平的机械结合，而是将计算机控制系统融入仪器设计之中，在仪器设计上由最初的多单元结构到大规模集成电路结构；对称重系统和干燥箱干燥系统进行控制和优化，从仪器功能到检测效率、精度都有了长足的进步。

　　分析国内外烘干失重法水分测定仪的研发与制造水平可知，德国、瑞士、日本等发达国家将其在电子分析天平生产和制造方面的技术优势延续至烘干失重法水分测定仪的研制中，进而取得了丰硕的研究成果。特别是德国赛多利斯（Sartorius）、日本岛津（Shimadzu）及瑞士梅特勒－托利多（Mettler Toledo）这3家公司，无论在生产工艺还是新产品的开发上都占据绝对主导地位，产量和销量巨大。图1.5（a）所示为瑞士赛多利斯公司生产的LAM200型水分快速测定仪，该测定仪将输入功率为1 000 W的微波加热器作为加热单元，可以完成水分含量为0.1%～100%的液体或膏状样品水分含量快速测定。图1.5（b）所示为梅特勒－托利多公司生产的HX204型水分快速测定仪，除了具有普通水分测定仪的常规功能之外，该快速测定仪还配备了7 in（1 in=0.025 4 m）超大彩色触摸屏，以提供简便的用户向导，操作人员可以根据指导完成水分测定过程。

　　在国内，我国自主研究、生产烘干失重法水分测定仪的整体技术水平仍较低。20世纪80年代，由上海和平仪表厂生产的MY-1烘干法水分快速测定仪应用红外辐射加热技术，将单片机技术与上皿式电子天平联机组成水分测定系统，可以完成物质水分的快速测定，但在水分测定精度与重复性、仪器功能开发方面还有较大发展空间。

（a）　　　　　　　　　　　　　　　　　　　（b）

图1.5　新型烘干法水分快速测定仪

（a）赛多利斯LMA200型水分测定仪；（b）梅特勒HX204型水分测定仪

近年来，虽然国内学者联合水分测定仪生产厂家对水分测定仪的生产和设计环节进行了较全面的改进，取得了很多成果，但目前市售的大部分国产烘干失重法水分测定仪性能相近，在传感器、电子电路和信息处理技术的研发方面投入较为有限，使仪器存在水分测定耗时长、测量重复性差、精度有限等问题，市场占有率较低，且售价远低于国外同类型仪器。表1.4所示为国内外烘干失重法水分测定仪的生产厂商、型号及技术指标。

烘干失重法水分测定仪按不同的方式可进行以下分类。

（1）按仪器显示方式和称量装置的不同，烘干失重法水分测定仪可分为模拟显示水分测定仪和数字显示水分测定仪。模拟显示水分测定仪应用杠杆平衡原理制成，具有微分标尺的机械称量装置；数字显示水分测定仪以数字显示且具有电子称量装置。

（2）按水分测定的准确度等级可划分为两个准确度等级：特种准确度级和高准确度级，该分级方式与仪器的检定分度值 e 和检定分度数 n 有关，如表1.5所示。

表 1.4　国内外先进烘干失重法水分测定仪型号及技术指标

生产厂商	型　号	加热方式	量程/g	实际分度值/g	检测精度/%	温度范围/°C
瑞士 METTLER TOLEDO	HE53	卤素灯	54	0.001	0.01	50～160
	HG63		61	0.001	0.01	40～200
	HB43-s		54	0.001	0.01	50～200
德国 Sartorius	MA100H		100	0.001	0.01	30～180
美国 OHAUS	MB120		120	0.01	0.1	40～230
	MB90		90	0.01	0.1	40～230
瑞士 Precisa	XM50		52	0.01	0.1	30～170
	XM60		124	0.01	0.1	30～230
日本 A&D	MX-50		51	0.01	0.1	50～200
	MS-70		71	0.001	0.01	30～200
上海精科天美	YLS16A		20	0.001	0.01	室温～160
	LHS16-A		100	0.001	0.01	室温～160
深圳冠亚	SFY-20		90	0.001	0.01	室温～205
上海良平	SH10AD		10	0.001	0.2	室温～160

（续表）

生产厂商	型　号	加热方式	量程 /g	实际分度值 /g	检测精度 /%	温度范围 /℃
上海良平	XQ201	石英加热管	20	0.001	0.01	室温～160
	XQ501		50	0.001	0.01	室温～160
	XQ210		20	0.01	0.1	室温～160
瑞士 Mettler Toledo	MJ33		35	0.001	0.01	50～160
瑞士 Precisa	330XM		124	0.001	0.1	40～250
日本 Shimadzu	MOC−63U		60	0.001	0.01	50～200
上海精科天美	DHS16−A		120	0.001	0.01	50～160
	DHS20−A		120	0.001	0.01	50～200
德国 Sartorius	MA100Q	陶瓷加热器	100	0.001	0.01	40～220
德国 Sartorius	MMA−30	微波加热	30	0.0001	0.01	—
	LMA200		70	0.0001	0.01	—
日本 KETT	FD−660	有机碳棒加热器	80	0.005	0.01	30～180

表 1.5　烘干失重法水分测定仪的准确度等级与 e、n 的关系

准确度等级	检定分度值 e	检定分度数 n	
		n_{max}	n_{min}
特种准确度级	$e \leqslant 1\ mg$	不限制	1×10^4
高准确度级	$1\ mg < e \leqslant 50\ mg$	1×10^5	1×10^2
	$e \geqslant 0.1\ g$	1×10^5	5×10^3

1.3.2　间接法水分测定仪

间接式水分测定仪主要是通过对与水分含量有关的物理量（如物质电导率、介电常数等）的检测，测得样品的水分含量。常用的有电阻法、电容法、红外光谱法、中子法等。考虑物料对象特性，近红外法主要用于表面水分测量，多见于纸张水分检测中；中子法和核磁共振法基于水分中氢原子效应，系统复杂，造价高，特别是中子法水分检测过程需要对人员进行特殊防护，制约了仪器的推广与应用。微波法是利用水对微波能量的

吸收或作用于试样的微波参量随水分变化的原理进行水分测量，其测量值与物料成分有关，测量电路及信号处理较复杂，价格偏高。

电阻法和电容法是目前开发与设计便携式水分测定仪的两种主要方法。常用的电阻法有双量程直流电阻法、脉冲电阻法、复阻抗分离法和交流阻抗法。电阻法在水分测定过程中，输出电阻或阻抗值除了受试样水分含量的影响外，还受环境温度与容积密度的影响，这在很大程度上影响了仪器的测量精度。电容法水分测定是依据被测试样水分含量的不同而引起传感器电容量的变化，通过电容电桥、阻抗电桥或振荡回路的方法，检测电容变化量转化的电信号实现水分含量的测定。但在实际应用中，传感器检测到的信号往往是电容参数与电阻参数交织在一起，影响电容式水分测定仪的测量精度。

在间接法水分测定研究领域，众多学者将传统的电阻法和电容法水分测定过程结合新的检测技术，实现了物质水分含量的精准测定。滕召胜等学者先后开发了插杆式粮食水分快速测定仪及粮食干燥机水分在线检测系统[1]等系列水分检测设备，其中 LSK-1 型插杆式水分快速测定仪是我国粮油行业唯一认可且行政推广的水分快速检测设备，社会影响巨大。张亚秋在粮食介电特性的水分检测研究基础上进一步将神经网络温度补偿算法与虚拟仪器技术相结合，开发了虚拟仪器软件平台，该软件平台具有操作简便，方便通过对神经网络建模的使用消除温度对水分检测精度的影响[2]。

在间接法水分快速测定仪的研究和制造上，美国、瑞士、日本等发达国家起步较早。美国 Dickey 公司和芬兰 Humicoy 公司主要研发和生产基于电容法的水分测定仪，20 世纪 70 年代全球首台电容法水分测定仪就是由美国 Dickey 公司研发制造的，公司最新产品的精度可以达到 0.5%。

---

① 滕召胜，宁乐炜，张海霞，等 . 粮食干燥机水分在线检测系统研究 [J]. 农业工程学报，2004, 20 (5): 130-133.

② 张亚秋 . 粮食干燥过程水分检测与自动控制 [D]. 长春 : 吉林大学 , 2012.

图 1.6（a）所示为日本凯特（KETT）公司生产的 PM 8 188A 型高频电容式谷物水分测定仪，该测定仪可精确测定 14 种主要谷物的水分含量且无须对被测试样进行粉碎等预处理，可自动对测定结果进行修正，消除环境影响。

20 世纪 40 年代，美国就开始研究基于中子法的水分测量。目前，美国 Instrotek 公司生产的 503DR 型水分测定仪就是采用中子法测定，其应用范围主要是土壤等可插入式的物质水分测定，受到设计原理的影响，该类仪器的设计和使用成本都很高。

近年来，基于红外光谱法、微波法及核磁共振技术的水分测定仪发展较为迅速，国外知名生产厂商主要有美国 Moist tech、Sensortech systems、Zeltex 及 Moyse 等。其中，Sensortech systems 的主要产品是基于射频技术与红外光谱法开发的，从食品到工业，从接触式到非接触式均有相应产品。图 1.6（b）所示为该公司生产的 NIR 6000 系列在线近红外水分分析仪。该分析仪运用了先进的近红外光谱技术，可针对产品的分子结构提供准确测量数据，分析仪每 4 μs 捕获一次测量值，可以自动调整水分测量目标；该分析仪可对木材、建筑材料、纸浆、纸张及烟草等产品持续监测，为生产过程控制提供有效的参考数据，相比于烘干失重法水分测定仪，此类水分测定仪测量精度高，但产品价格昂贵，售价在 8 万～ 10 万元。

我国间接法水分测定仪的研制起步于 20 世纪 50 年代，水分测定仪从最初的电容法水分测定仪发展到现在的核磁共振分析仪。图 1.6（c）所示为上海纽迈电子科技有限公司生产的 NMI20-015V 型核磁共振成像分析仪。该分析仪采用稀土永磁体制造，集弛豫分析与磁共振成像于一体，可对水分相态及定量分析，水油体系中水分 / 油脂分布、迁移、运动特性进行分析，为生产过程控制提供有效的参考数据，目前，该分析仪的售价为 50 万～ 100 万元。

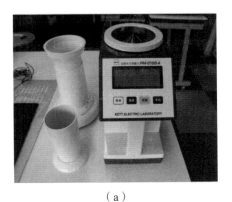

（a）

（b）

（c）

图 1.6 新型间接法水分快速测定仪

（a）PM-8-188A型电容式谷物水分测定仪；
（b）NIR 6000型近红外水分测定仪；（c）NMI20-015V型核磁共振成像分析仪

同其他许多分析仪器一样，性能和成本是影响水分测定仪推广应用的两个制约因素。以电阻、电容法为理论依据设计研发的便携式水分测定仪，结构简单，价格适中，但水分测定结果的干扰因素众多（如温度、湿度、压力、紧实度等），往往存在检测精度和复现度欠佳的问题，需要对仪器利用标准方法（烘干失重法）反复标定，以实现对样品水分的准确测定。以中子法、微波法、红外光谱法及核磁共振技术为原理研发的水分测定仪检测精度高，但仪器价格昂贵，维护成本较高。因此，智能化、便携式、高精度且价格适中的新型水分测定仪成了水分测定领域的发展方向。

1.4　本章小结

烘干失重法水分测定仪是一种运用机械、材料、电子电路、信息处理等多学科知识研发而成的计量仪器，烘干失重法是水分测定领域的标准方法，这使得烘干失重法水分测定仪在国内外都有很大的市场前景。本章阐述水分检测的重要意义，归纳总结物质水分含量检测的原理，较为全面地论述烘干失重法水分测定仪的研究进展，主要包括各种水分测定的原理及相关仪器设备。研发智能化、便携式、高精度且价格适中的新型水分测定仪，成了水分测定领域的发展方向。

为继续保持技术领先地位，国外的高精尖水分计量技术几乎从未公开，相关理论研究资料甚少。在国内，我国自主研究、生产的烘干失重法水分测定仪将红外辐射加热技术、单片机技术与上皿式电子天平联机组成水分测定系统，自投产以来没有进行大的改进。烘干失重法水分测定仪的研发和创新以热力学、干燥动力学、电子电路设计和信息处理科学理论为基础。鉴于此，本书将在后续章节将理论研究与仪器设计实践有机结合，对烘干失重法水分检测技术进行较为全面的剖析和阐述。

第2章　烘干失重法红外干燥机理研究

在物质烘干失水过程中，温度是影响试样水分逸失速度的主要因素之一。加热温度过高可能造成碳化、烧焦等问题，严重影响测量结果的准确性；加热温度过低，则会使试样水分逸失的速度过慢，导致测量时间变长，甚至使水分逸失不充分。虽然红外辐射与传统加热方式相比，具有众多的优点，但只有在工况稳定、结构和工艺参数合理的情况下才能充分发挥自身优势。所以，要想完善红外干燥箱的设计就必须对红外辐射的传热机理有深入的认识。

本章从分析多孔介质的结构特点及热力学性质出发，结合红外辐射的基本定律与匹配吸收理论，对烘干失重法红外干燥过程的传热机理进行了深入的分析与研究，并详细描述了干燥过程中红外干燥箱的热传递机制与过程。

2.1　被测试样的结构和参数

多孔介质是空间多相物质共存的一种组合体，由固体骨架和孔隙组成，其中孔隙部分充斥着液体或气体或气液两相，除了密实的金属材料之外，几乎所有固体和类固体材料都是多孔介质。因此，能够利用烘干失重法测定水分含量的被测试样大多属于多孔介质的范畴。多孔介质大多具有两个特点：①固体骨架遍及整个多孔介质，孔隙空间可能连通，其内介质是气相流体、液相流体或是气液混合流体；②多孔介质的孔隙尺寸小而比表面积大。

为了深入研究多孔介质传质与传热规律，需要基于连续介质理论构造数学模型，在宏观上对多孔介质域内的某一点附近的流体参数进行平均，用一定范围内的平均值代替局部真实值。根据达西定律多孔介质可视为连续介质，可构造出如图 2.1 所示的多孔介质结构图。

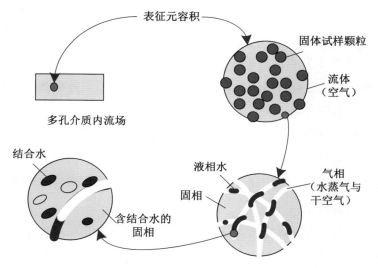

图 2.1　多孔介质结构示意图

在多孔介质传热和传质研究中，经常以多孔介质中所含湿分的性质加以分类研究。含有湿分的多孔介质为含湿多孔介质，空隙中充满液体的为湿饱和多孔介质，空隙中只有纯蒸汽的为干饱和多孔介质，空隙中液体和蒸汽共存的为非饱和多孔介质。根据多孔介质固体骨架吸收水分的能力，可将多孔介质分为吸湿多孔介质和非吸湿多孔介质。

利用多孔介质模型研究固体试样红外干燥的传热传质过程会涉及一些多孔介质的基本参数，分别表述如下。

1. 孔隙率

孔隙率（porosity）是指多孔介质孔隙的总体积与该多孔介质总体积的比值，它作为重要的结构参数可表示为

$$\phi = \frac{V_\phi}{V} \times 100\% \qquad (2.1)$$

式中，ϕ 为孔隙率（无量纲）；V_ϕ 为多孔介质内孔隙体积（m³）；V 为多孔介质总体积（m³）。

孔隙率是影响多孔介质传热传质特性的重要参数，与多孔介质固体颗粒形状、结构和排列有关。

2. 密度

多孔介质密度可分为表观密度（apparent density）和真实密度（true density）。表观密度是在规定条件下，材料单位表现体积（包含材料实体和闭口孔隙体积）的质量，真实密度指去除内部孔隙或颗粒间的空隙后的密度。它们之间具有以下关系：

$$\rho_a = \rho_s(1 - \phi) + \phi S_w \rho_w \qquad (2.2)$$

式中，ρ_a 为表观密度（kg/m³）；ρ_s 为真实密度（kg/m³）；ρ_w 为水（液相）的密度（kg/m³）；S_w 为液相水饱和度（%）。

3. 液相水饱和度

液相水在空隙中的相对体积定义为液相水饱和度（saturation of water）：

$$S_w = \frac{V_l}{V_\phi} \times 100 \qquad (2.3)$$

式中，S_w 为液相水饱和度（%）；V_l 为孔隙中液相水占有的体积（m³）；V_ϕ 为孔隙体积（m³）。

4. 比表面积

比表面积作为重要的结构参数，直接影响多孔介质的吸湿、干燥及传热过程。比表面积为孔隙总表面积与固相骨架质量之比。

$$A_{\mathrm{m}} = \frac{A_\phi}{m} \qquad (2.4)$$

式中，A_{m} 为比表面积（m²/kg）；A_ϕ 为孔隙总表面积（m²）；m 为固相骨架的质量（kg）。

5. 干燥活化能

干燥活化能是表示多孔介质在干燥过程中脱除单位摩尔的水分所需要的启动能量，物料的活化能越大表明其越难干燥。干燥活化能反映了多孔介质中水分子受热蒸发的难易程度，是环境等因素共同作用的一个平均效果。由阿伦尼乌斯（Arrhenius）定律可得

$$D_{\mathrm{eff}} = A_0 \exp(-\frac{E_{\mathrm{a}}}{RT}) \qquad (2.5)$$

式中，D_{eff} 为有效扩散系数（m²/s）；A_0 为指前因子；E_{a} 为水分扩散活化能（J/mol），是与试样的品种、品质有关的常数；R 为摩尔气体常数 [J/(mol·K)]；T 为热力学温度（K）。

2.2　多孔介质中的水分

多孔介质中的水分可以液相水和气相水的形式存在，其中水蒸气的质量分数很小。液相水分可以分为自由水和结合水两种。自由水存在于多孔介质固相骨架间的空隙内，结合水存在于多孔介质固相骨架内部。

2.2.1　结合水与自由水

1. 结 合 水

结合水包括物料细胞壁内的水分、物料内毛细管中的水分及以结晶水的形态存在于固体物料之中的水分等。这种水分由于结合力强，其蒸气压低于同温度下纯水的饱和蒸气压，致使干燥过程中传质推动力降低，故除去物料中的结合水耗时长、效率低。

2. 自 由 水

非结合水包括机械附着于固体表面的水分，如物料表面吸附的水分、较大孔隙中的水分等。物料中的非结合水结合力相对较弱，其蒸气压与同温度下纯水的蒸气压相同，除去物料中的非结合水比较容易。

2.2.2　水分与物料的结合方式

1. 机械结合水

机械结合水是较难定量的一种结合水分，包括毛细管水分和吸附在物料表面的水分（也称外部结合水）。毛细管水分是以液态、气态或湿空气状态存在的；物料表面的吸附水主要存在于物料表面、孔隙和空穴之中。机械结合水与物料之间的结合力弱，在干燥过程中首先被排除。机械结合水被排除后，物料颗粒相互靠拢，体积收缩，故机械结合水又称为收缩水。在烘干失重法水分测定过程中主要除去的就是这部分水分。

2. 物理化学结合水

物理化学结合水可分为四种，具体分类如表 2.1 所示。

表 2.1　物理化学结合水的分类及特点

名　称	特　点
吸附结合水	由于物料表面吸附作用形成的水膜、水与物料颗粒形成的多分子或单分子吸附层水膜，结合形式最紧密
渗透水	由于物料组织壁内外间水分浓度差产生的渗透压而形成的结合水
微毛细管水	由于毛细作用使物料所含的水分，其牢固程度随毛细管半径的减小而加强
结构水	存在于物料组织内部，如胶体中的水分

3. 化学结合水

化学结合水不具有溶剂的性能，在低温条件下不易结冰，因此要除去物料中的化学结合水需要消耗很大的能量。除去这部分水分，通常会引起物料的物理性质或生化性质改变。

2.3　湿分的热力学性质

热力学是研究热现象中物质系统在平衡时的性质和建立能量的平衡关系，以及状态发生变化时系统与外界相互作用的学科。工程热力学作为热力学的重要分支，主要以热能与机械能和其他能量之间相互转换的规律及其应用为研究对象。工程热力学作为研究热现象的宏观理论，将热力学三大定律作为推理基础，通过物质的压力、温度、比容等宏观参数和受热、冷却、膨胀、收缩等整体行为，对宏观现象和热力过程进行研究。

2.3.1　湿空气的热力学性质

红外辐射干燥过程是干燥介质把热量传递给试样，同时带走试样中的水分的过程。湿空气是含有少量水蒸气的一种气体混合物。红外辐射干燥过程将加热后的空气作为传质传热的介质。在红外干燥过程中，湿空气与试样接触时，空气作为载热体将热量传递给试样，同时又作为载湿体，带走从试样中逸出的水分，达到使试样干燥的目的。

1. 绝对湿度

每千克干空气中含有水蒸气的质量为空气的绝对湿度，即

$$H = \frac{m_v}{m_g} \qquad (2.6)$$

式中，H 为空气的绝对湿度（kg/kg）；m_v 为水蒸气的质量（kg）；m_g 为绝干空气的质量（kg）。

当湿空气内蒸气分压达到给定温度下的饱和蒸气压时，湿空气内含有的水蒸气量最大，此时的绝对湿度为空气的饱和绝对湿度 H_{sat}。在大气压不变的情况下，温度越高，空气的饱和绝对湿度越大。一旦空气湿度大于饱和绝对湿度，湿空气就会凝结成液态水，因此用湿空气作为干燥介质时，其绝对湿度不能大于饱和绝对湿度。

2. 相对湿度

湿空气内蒸气分压与相同温度下的饱和蒸气压之比为空气的相对湿度：

$$\varphi = \frac{P_v}{P_{sat}} \times 100\% \qquad (2.7)$$

式中，φ 为空气的相对湿度（%）；P_v 为蒸气分压（Pa）；P_{sat} 为饱和蒸气压（Pa）。

当蒸气分压一定时，空气的相对湿度随温度升高而减小。

3. 湿焓

空气的焓值是指空气所含有的绝热量，通常以干空气的单位质量为基准。湿空气焓值等于 1 kg 干空气的焓值与 d kg 水蒸气焓值之和。湿空气焓值计算公式为

$$H_{wg} = 1.01T_{wg} + (2\,500 + 1.84T_{wg})d \qquad （2.8）$$

式中，焓为 H_{wg}（kJ/kg 干空气）；T_{wg} 为气体温度（℃）；d 为空气的含湿量（g/kg 干空气）；1.01 为干空气的平均定压比热 [kJ/(kg·K)]；1.84 为水蒸气的平均定压比热 [kJ/(kg·K)]；2 500 为标准大气压下，0 ℃时纯水的汽化潜热（kJ/kg）。

2.3.2 含水试样热力学性质

1. 水分含量

根据干燥热力学的相关知识，试样水分含量的表示方法有两种：湿基表示法和干基表示法。湿基表示法是以试样质量为基准计算的，而干基表示法是以试样中固体干物质为基准计算的。干基水分含量 Y 与湿基水分含量 M 的转换关系为

$$\begin{cases} Y = \dfrac{湿物料中水分质量}{湿物料绝干物料的质量} \\ M = \dfrac{湿物料中水分质量}{湿物料总质量} \end{cases} \qquad （2.9）$$

$$\begin{cases} Y = \dfrac{M}{1-M} \\ M = \dfrac{Y}{1+Y} \end{cases} \qquad （2.10）$$

2. 平衡水分含量

含湿试样在一定环境条件（温度和湿度）下最后达到吸湿稳定时的水分含量称为平衡水分含量，用 M_∞ 表示。平衡含水率是干燥模型中的重要参数。

3. 有效水分扩散系数

在红外干燥过程中，试样内部水分扩散方式包括分子扩散、表面扩散及毛细管流等，因此需要引入有效水分扩散系数来衡量和描述这些扩散方式共同作用的结果，可用 D_{eff} 来表示。有效水分扩散系数是描述干燥过程的重要参数之一，也是设计与优化干燥设备的重要参数。

2.3.3　含水试样湿分扩散过程与驱动力

将红外干燥技术与烘干失重法水分测定技术结合，可以在很大程度上提高烘干过程的热流密度及热均匀性。在烘干失重法红外干燥过程中热能由干燥介质（热空气）传到物料表面，再由表面传到物料内部。同理，水分从物料内部以液态或气态的形式扩散到物料表面，进而扩散到空气流的主体，即"两步传质"。从宏观上将试样红外湿分扩散与两步传质过程相结合（见图 2.2），做出以下分析。

1. 表面汽化控制阶段

被测试样表面水分受热汽化后以对流方式传向干燥介质，干燥进程主要取决于传热条件，如试样表面温度、试样的粒径和孔隙率及试样表面积等因素。在此过程中，由于试样表面还存在自由水，强化传热条件可以有效提高失水速度。对于一些颗粒较小的含水试样，空气与试样间的接触和流动性较好，试样内部的水分能够迅速地传递到试样表面，使表面保持湿润状态，因此其升速和恒速阶段相对时间较长，失水速度较大，蒸发的水分较多，如图 2.2（a）所示。

2. 内部扩散控制过程

随着蒸发量逐渐增大，在试样表面逐步出现"干斑"，此时恒速干燥阶段结束，干燥过程进入降速干燥阶段，整个试样可被划分为蒸发区和湿区，如图 2.2(b)所示。当试样表面完全干燥后，含水试样可划分为干区、蒸发区和湿区三部分 [见图 2.2（c）]。

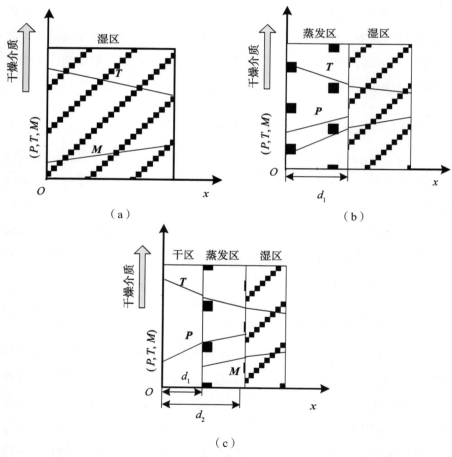

图 2.2　含水试样湿分扩散过程示意
（a）升速和恒速阶段；（b）降速阶段初期；（c）降速阶段中后期

在微观方面，多孔介质湿分迁移的驱动力主要有三种，在这三种驱动力作用下可将含水试样红外干燥过程中湿分的扩散归结为以下几种：在湿度（M）梯度作用下的扩散迁移、在温度（T）梯度作用下的热质扩散迁移及在总压力（P）梯度作用下的渗流迁移，以及这三种驱动力的互相耦合作用。

（1）湿度梯度。对于质地均匀的含水试样，其内部水分总是由高水分区向低水分区迁移，即水分由较高迁移势向较低迁移势方向迁移。由于干燥过程中试样中心湿含量比外表面高，即存在湿度梯度。当外表面水分蒸发掉后则从相邻内层得到补偿，这种补偿过程会一直持续到干燥过程结束。

如图 2.3 所示，若用 M 表示试样内部某等湿面的水分含量，沿法线相距Δn的另一等湿面的水分含量为$M + \Delta M$，则两层面间的水分梯度为

$$\frac{\partial M}{\partial n} = \lim_{\Delta n \to 0} \left[\frac{(M + \Delta M) - M}{\Delta n} \right] \tag{2.11}$$

式中，M 为含水试样的水分含量（kg/kg）；Δn 为物料内等湿面间的垂直距离（m）。对于三维空间向量 $\boldsymbol{x}$、$\boldsymbol{y}$、$\boldsymbol{z}$，可进一步将水分梯度向量表示为

$$\Delta \boldsymbol{M} = \frac{\partial M}{\partial x} \boldsymbol{x} + \frac{\partial M}{\partial y} \boldsymbol{y} + \frac{\partial M}{\partial z} \boldsymbol{z} \tag{2.12}$$

固体物质中水分在存在湿度梯度的情况下水分的扩散迁移称为物质的导湿性。由导湿性引起的水分转移量可以按照下面的公式计算：

$$m_{\mathrm{H}} = -K \rho_{\mathrm{g}} \frac{\partial M}{\partial n} \tag{2.13}$$

式中，m_{H} 为湿度梯度物料内水分迁移量（kg/kg）；K 为导湿系数（m²/s）；ρ_{g} 为物料的干物质密度（kg/m³），$\frac{\partial M}{\partial n}$ 为物料内部湿度梯度。式中的负号表示水分迁移方向与水分梯度方向相反。导湿系数 K 在整个干燥过程中并非定值，其值的大小与物料的温度和水分含量有关。

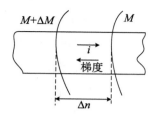

图 2.3　湿度梯度影响下水分的扩散

（2）温度梯度。随着干燥过程的不断推进，物料表面受热高于中心受热，因此在物料内部会形成一定的温度梯度。在温度梯度驱动下，物料内水分（液态或气态）从高温处向低温处迁移。在温度梯度作用下水分迁移量可表示为

$$m_{\mathrm{T}} = -K\rho_{\mathrm{g}}\delta_{\mathrm{T}}\frac{\partial T}{\partial n} \qquad （2.14）$$

式中，m_{T} 为物料内水分迁移量（kg/kg）；K 为导湿系数（m²/s）；ρ_{g} 为物料的干物质密度（kg/m³）；$\frac{\partial T}{\partial n}$ 为物料内部湿度梯度；δ_{T} 为含水试样的导湿温系数（m²/s²）。式中的负号表示水分迁移方向与水分梯度方向相反。

（3）压力扩散。苏联科学家卢伊科夫（Luikov）对物质干燥过程中的湿分迁移动力进行了深入研究，在高温干燥条件或人为控制干燥介质压力的情况下，对于一些致密紧实的多孔介质试样，水蒸气在通过其毛细管迁移的过程中会存在阻力，在试样内部和表面之间产生压强梯度（Δp），进而推动物料内水分由内向外扩散。Luikov 认为，在烟丝薄层干燥过程中通过人为加压的方式验证了压力对烟丝试样水分有效扩散系数的影响，试验证明，被测试样的有效扩散系数与环境压力成正比[①]，即

$$P_{\mathrm{p}} = -K_{\mathrm{p}}\Delta p \qquad （2.15）$$

式中，P_{p} 为压力扩散强度；Δp 为压强梯度；K_{p} 为压力扩散系数（s/m）。

---

① LUIKOV A V. Systems of differential equations of heat and mass transfer in capillary-porous bodies(review)[J]. International Journal of Heat & Mass Transfer,1975,18(1):1-14.

2.4 红外辐射加热失水机理

红外线遵循可见光的传播规律，沿直线传播，遵守反射、透射和吸收定律。各种粮食作物的组成比较复杂，但其主要成分都是淀粉、蛋白质和脂类等，这些物质都是红外敏感物质。

当红外线辐射到物体表面时，一部分在物体表面被反射，其余就投射到物体内部。而投射到物体中的红外线中，一部分透过物体，其余为物体所吸收，如图 2.4 所示。设入射红外线辐射强度为 I，反射强度为 I_R，透射强度为 I_T，吸收强度为 I_A，则其关系为

$$I = I_R + I_T + I_A \qquad (2.16)$$

同时定义

$$\alpha = \frac{I_A}{I}; \ \gamma = \frac{I_T}{I}; \ \beta = \frac{I_R}{I}$$

$$\alpha + \gamma + \beta = 1 \qquad (2.17)$$

式中，α、β、γ 分别为吸收比、反射比和透射比，与物体的温度和性质相关。

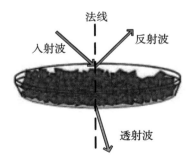

图 2.4 红外线在吸收和传输介质中的传播

根据式（2.17）可知，如果物质对红外线的吸收能力强，反射能力便

会弱，反之亦然。如果 $\alpha=1$，那么该物体为黑体；如果 $\beta=1$，那么该物体为白体；如果 $\gamma=1$，那么该物体为透明体。例如，气体对辐射能没有反射能力，因此其反射比 $\beta=0$，$\alpha+\gamma=1$。

本书所分析的红外辐射定律是基于黑体辐射定律提出的，但是红外干燥箱里的物体发射或吸收的辐射能量都低于同温度下的黑体，其发射或吸收的辐射能量也与构成物质的材料性质、表面状况等因素相关，所以引入与材料相关的系数（发射率），使得黑体辐射定律能够应用于普通物体，简化分析过程。发射率 $\varepsilon(T_1)$，又称黑度，是指温度为 T_1 物体的辐射力 $E(T_1)$ 与同温度黑体辐射力 $E_b(T_1)$ 之比，变化范围为 $0\sim1$，即

$$\varepsilon(T_1)=\frac{E(T_1)}{E_b(T_1)} \quad (2.18)$$

黑体对于相同温度的物体辐射能力最大，因此黑体辐射在热辐射分析中有特殊的重要性。研究黑体辐射是以三大定律为理论基础的，包括普朗克定律、斯特潘－玻尔兹曼定律及兰贝特定律。同时，本书引入两个物理量：辐射力 $E(T_1)$ 和光谱辐射力 E_λ。两者存在以下关系：

$$E=\int_0^\infty E_\lambda \mathrm{d}\lambda \quad (2.19)$$

2.4.1　红外辐射基本定律

黑体是吸收比为 1 的物体，能够吸收射入的全部能量。实际上各类物体对辐射都会存在一定的反射，所以黑体只是一种理想化的假设，但黑体热辐射的基本定律却是红外辐射传热研究的理论基础。

1. 兰贝特定律

兰贝特定律是阐述黑体沿各个方向发射辐射热流密度的规律。它说明黑体的定向辐射力随天顶角 θ 呈余弦规律变化，黑体表面具有漫辐射的

性质，在半球空间各个方向上的定向辐射强度，$I_{\theta 1} = I_{\theta 2} = I_n$。兰贝特定律是辐射换热角系数计算的基础。对于服从兰贝特定律的辐射，其定向辐射强度 I 和辐射力 E 之间存在下述关系

$$E = I_\theta \int_0^{2\pi} \int_0^{\pi/2} \cos\theta \sin\theta \mathrm{d}\theta \mathrm{d}\beta = I_\theta \pi \qquad （2.20）$$

兰贝特余弦定律适用于黑体和具有漫反射特性的物体。但在实际的实验过程中发现许多物体并不服从该定律。

2. 斯特藩 – 玻尔兹曼定律

斯特藩 – 玻尔兹曼定律描述了红外辐射功率与温度的关系，其数学表达式为

$$E_b = \varepsilon \sigma_b T^4 \qquad （2.21）$$

式中，σ_b 为斯特藩 – 玻尔兹曼常数，其值为 5.67×10^{-8} W/（$m^2 \cdot K^4$）；ε 为表面的发射率，若为绝对黑体，则 $\varepsilon = 1$。

该定律表明，黑体的辐射力与热力学温度的四次方成正比，而与波长的大小没有关系。

3. 普朗克辐射定律

普朗克辐射定律揭示了红外辐射的光谱分布规律，其数学公式为

$$E_\lambda(T) = \frac{c_1}{\lambda^5 \left[\exp(\frac{c_2}{\lambda T}) - 1 \right]} \qquad （2.22）$$

式中，T 为辐射物体表面积温度（K）；λ 为 λ 射波长（m）；E_λ 为辐射物体单位表面积在温度为 T 时发射波长为 λ 的单色辐射功率（W）；c_1 为第一辐射常数，其值为 3.742×10^{-12} W/cm²；c_2 为第二辐射常数，其值为 $1.438\,48$ cm·K。

普朗克定律表明，黑体辐射的规律与辐射波长密切相关。

2.4.2 红外辐射干燥原理——匹配吸收

红外辐射是指波长范围介于可见光和微波之间，即 0.76 ~ 1 000 μm 的电磁波。对红外线敏感的物质，其分子、原子吸收电磁波后会发生能级的跃迁，同时扩大以平衡位置为中心的各种运动的幅度，质点的内能大大增强。微观结构质点运动加剧的宏观反映就是物体温度的升高，即物质吸收红外线后，便产生自发的热效应。因此，在内高外低的温度梯度和水分浓度梯度同时作用下，试样内部水分会不断逸失，达到干燥的目的。

当被测试样接收到具有连续波长的红外辐射时，该试样的分子就会吸收一部分光能转换为分子的振动能和转动能量。如果以波数为横坐标，以吸收率为纵坐标，即可得到该物质的红外吸收光谱图（见图 2.5）。波长、波数的关系为

$$\upsilon = \frac{10^4}{\lambda} \qquad (2.23)$$

式中，υ 为波数（cm^{-1}）；λ 为波长（μm）。

由图 2.5 可知，水作为红外线敏感物质，其在 3 000 cm^{-1} 附近也具有较强的吸收带。因此，在烘干失重法水分测定过程中，红外卤素灯所释放的能量大部分会被水分子所吸收，从而使水分子运动加剧而大量逸失。

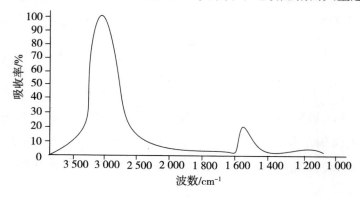

图 2.5　水吸收红外光谱图

物质的干燥过程可以分为两种类型：一是表面汽化控制过程，即物料内部水分扩散速度大于表面水分汽化速度，即表明干燥起控制作用；二是内部扩散控制过程，即内部水分扩散速度小于表面汽化速度，即内部水分扩散起控制作用。因此，在红外辐射干燥过程中应根据干燥对象的差别，分别采用匹配吸收理论与非匹配吸收理论。

对于表面汽化控制的干燥过程，如烘干失重法水分测定过程，其试样的制备满足薄层干燥的范畴，干燥的关键在于提高试样表面的汽化速度。红外加热器发射的选择性辐射频率与被加热物质分子本身的振动频率相一致，此时引起的共振吸收即匹配吸收，即最佳光谱匹配原则。因此，在采用烘干失重法测定物质水分含量的过程中，应尽量遵循匹配吸收原理，提高被测试样表面汽化速率，尽快完成干燥。

对于内部扩散控制类型，如潮粮的深床干燥，其被干燥试样厚度较大，同时要求物料表面和内部同时加热升温，应选择适当偏离物料的吸收峰所在的波长，使红外射线透射入物料内部，具有较深的贯穿深度，避免仅在物料表面强烈吸收，达到内外同时加热的目的。这就是较厚物料的非匹配吸收干燥理论。

根据《食品干燥原理与技术》[①]，以稻谷的红外光谱图为例，说明红外辐射器发射光谱与试样吸收光谱的匹配关系。图 2.6 为大米的红外光谱图，大米在 1 800 ～ 2 000 cm^{-1} 的区域出现了强吸收带，吸收峰值在 90% 左右，在 1 100 ～ 900 cm^{-1} 区域出现次强吸收峰值，但在 1 200 ～ 1 600 cm^{-1} 区域吸收率明显下降。分析结果说明，粮食对特定波数的红外辐射具有很强的吸收作用，图 2.7 所示的小麦吸收红外光谱图也可证明这一观点。由图 2.6 和图 2.7 可知，大米和小麦的吸收光谱具有大致相同的变化趋势，但是在吸收峰值上又存在差异。这主要是因为两者同样都是谷物，化学组分是大致相同的，但各个组分在不同谷物中所占的比例又存在一定的差异，

---

① 朱文学 . 食品干燥原理与技术 [M]. 北京：科学出版社，2009.

因此红外光谱的变化趋势大同小异。在研制红外干燥设备的过程中应充分考虑被测试样的红外敏感性。这些试样所吸收的红外线能量将直接作用于其内部的分子振动与转动，同时分子运动的加剧会引起试样内部温度升高，为水分的散失创造了有利的条件。

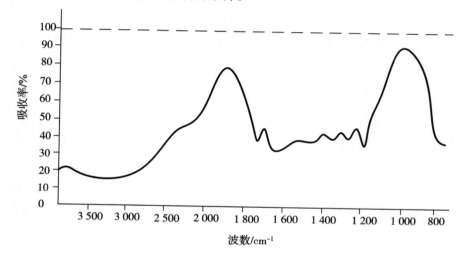

图 2.6　大米吸收红外光谱

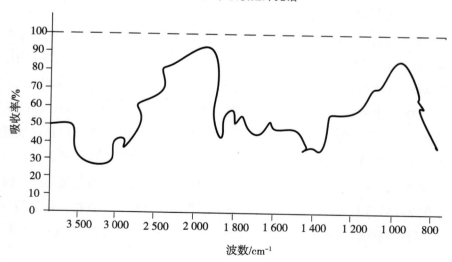

图 2.7　小麦吸收红外光谱

2.4.3　红外干燥箱

在红外辐射干燥过程中，辐射器传递给干燥物料的热量远大于对流干燥，因此在红外干燥箱设计上，不必过多关注热量是否够用，而是如何将红外辐射器件释放的能量有效利用，达到节能环保的设计需求。

烘干失重法水分测定仪将红外干燥箱与电子天平有机结合，红外干燥箱作为干燥单元，负责在恒温条件下将试样烘干至恒重；电子天平作为称重单元，负责实时称量试样的质量，计算试样水分含量。红外干燥箱的外观示意如图 2.8（a）所示。为提高红外加热管的利用率，干燥箱内顶安装抛光钢结构反射罩，以反射红外辐射光线，使红外辐射能量聚集在秤盘上。红外加热管是内热源，采用智能控温算法调节其热生成量。温度传感器一般位于红外加热管与试样秤盘之间，与秤盘有一定的距离，用来实时检测干燥箱内的温度。底部的隔热保护钢片通过反射红外射线起到隔热作用，能够防止外壳过热变形。干燥箱侧面和顶部设有散热口，直接与外部空气接触，干燥箱内部结构如图 2.8（b）所示。

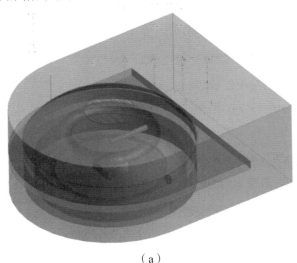

（a）

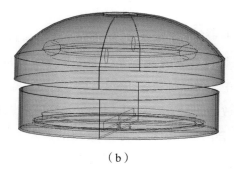

（b）

图 2.8　红外干燥箱外观及内部结构示意

（a）红外干燥箱外观示意；（b）红外干燥箱内部结构示意

为了研究红外干燥过程中传热机制，以热质平衡条件为基础，充分考虑辐射、对流等影响因素，通过对红外干燥微元体的衡算分析，建立红外干燥非稳态动力学方程。其中设传热微元体的表面积为 S，厚度为 Δx，微元体示意如图 2.9 所示。

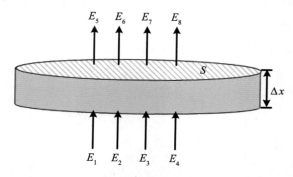

图 2.9　传热微元体示意

加热干燥时，试样吸收的热能主要包括以下几种：红外加热管的辐射换热量 E_1；秤盘传导热量 E_2；掠过试样表面的空气对流换热热量 E_3，内部气体介质（湿蒸气）的辐射换热量 E_4。依据热质平衡的原理，以上热量的累加值与以下 8 种能量的累加值相等：试样温度升高消耗的热量 E_5；试样中水分逸失消耗的热量 E_6；水分克服结合能所消耗的能量 E_7；加热蒸发出的水气所需能量 E_8。因此，有如下热平衡式：

$$E_1 + E_2 + E_3 + E_4 = E_5 + E_6 + E_7 + E_8 \quad （2.24）$$

1. 红外灯管辐射换热量

试样吸收红外灯管的辐射能量 E_1 为

$$E_1 = \int_S \varepsilon_s \sigma \left[\left(\frac{T_{Ri}}{100} \right)^4 - \left(\frac{T_y}{100} \right)^4 \right] dS \quad （2.25）$$

式中，T_{Ri} 为红外灯管的表面温度（℃）；T_y 为试样的表面温度（℃）；σ 为黑体辐射系数 [W/（$m_2 \cdot K_4$）]；ε_s 为红外干燥箱内的系统黑度（无量纲）。由红外辐射的基本定律，计算红外灯管与试样间的系统黑度。

$$\varepsilon_s = \frac{1}{\left[\dfrac{1}{\varepsilon_1} - 1 \right] + \dfrac{1}{\varphi_{12}} + \dfrac{S_1}{S_2} \left[\dfrac{1}{\varepsilon_2} - 1 \right]} \quad （2.26）$$

式中，ε_1 为辐射器的辐射系数；ε_2 为试样的吸收系数；S_2 为试样的表面积（m^2）；S_1 为辐射器的辐射表面积（m^2）；φ_{12} 为辐射表面积对试样表面积的角系数。

2. 秤盘的导热量

试样吸收秤盘的热量 E_2 为

$$E_2 = \int_S \lambda \left(T_i - T_y \right) dS \quad （2.27）$$

式中，λ 为试样的导热系数 [W/（$m \cdot ℃$）]；T_i 为秤盘的温度（℃）；T_y 为试样的表面温度（℃）。

3. 内部热空气对流换热量

试样吸收对流空气的热量 E_3 为

$$E_3 = h_c(T_a - T_y)S\Delta x \mathrm{d}t \tag{2.28}$$

式中，T_a 为干燥介质（空气）的温度（℃）；T_y 为试样的表面温度（℃）；h_c 为试样的对流换热系数 $[\mathrm{W}/(\mathrm{m}^2 \cdot \mathrm{K})]$；$S$ 为单元层的表面积（m^2）。

4. 内部气体介质（湿蒸气）的辐射换热量

气体辐射对吸收波长具有很强的选择性，水蒸气的红外吸收光谱波长在 $2.55 \sim 2.84\,\mu\mathrm{m}$、$5.6 \sim 7.6\,\mu\mathrm{m}$、$12 \sim 30\,\mu\mathrm{m}$ 处具有较高强度的吸收峰，当辐射器表面温度为 $100 \sim 700\,℃$ 时，干燥箱内的湿蒸气会吸收红外辐射能量，使湿蒸气温度上升。试样从湿蒸气获得的辐射换热量 E_4 为

$$E_4 = \int_S \sigma \left[\varepsilon_{gf} \left(\frac{T_a}{100} \right)^4 - \alpha_{gx} \left(\frac{T_y}{100} \right)^4 \right] \mathrm{d}S \tag{2.29}$$

式中，σ 为黑体辐射系数（$\mathrm{W}/\mathrm{m}_2 \cdot \mathrm{K}_4$）；$\varepsilon_{gf}$ 为气体辐射率；α_{gx} 为气体吸收率。

5. 试样升温所消耗的热量

在微元体 $S\Delta x$ 中，在任意 t 时刻，试样所含热量为

$$E_t = S\Delta x \left(\rho_p C_y + \rho_p C_w M \right) T_y \tag{2.30}$$

式中，ρ_p 为干燥试样的密度（kg/m^3）；M 为试样的湿基水分含量（%）；C_y 和 C_w 分别为烘干后试样和水分的比热容 $[\mathrm{J}/(\mathrm{kg} \cdot ℃)]$；$T_y$ 为试样的表面温度（℃）。

在时间 $t + \Delta t$ 时所含热量为

$$E_{t+\Delta t} = S\Delta x \left(\rho_p C_y + \rho_p C_w M \right) \left(T_y + \frac{\partial T_y}{\partial t} \mathrm{d}t \right) \tag{2.31}$$

加热试样升温的热量为

$$E_5 = E_{t+\Delta t} - E_t = S\Delta x \left(\rho_p C_y + \rho_p C_w M \right) \frac{\partial T_y}{\partial t} dt \tag{2.32}$$

6. 水分逸失损耗的热量

在 dt 时间内，水分逸失的总量为空气通过（$S\Delta x$）时的空气湿含量的变化：

$$G_a S \frac{\partial w}{\partial x} \Delta x dt \tag{2.33}$$

式中，w 为空气湿度（kg/kg）；G_a 为空气流率 [kg/(h·m²)]。在单位时间内，水分逸失所需要的能量为

$$E_6 = h_{fg} G_a S \frac{\partial w}{\partial x} \Delta x dt \tag{2.34}$$

式中，h_{fg} 为对应不同试样表面温度水的汽化潜热（J/kg）。

7. 挥发结合水所克服结合能的热量

挥发结合水需要克服结合能，消耗的热量为

$$E_7 = \Delta \gamma \frac{\partial M}{\partial t} \tag{2.35}$$

式中，$\Delta \gamma$ 为水与试样的结合能（J/kg）；∂M 为脱去的水分（kg）。

8. 蒸气过热所需的热量

蒸汽过热所需的热量为

$$E_8 = C_v (T_a - T_y) G_a S \frac{\partial w}{\partial x} \Delta x dt \tag{2.36}$$

式中，C_v 为水蒸气的比热容 [J/（kg·℃）]；dt 为空气湿含量的变化（kg/kg）。

为了求解上述衡算方程，从热质平衡的角度对烘干失重法红外干燥过程做出以下假设。

（1）在干燥过程中试样体积的收缩忽略不计。

（2）单个试样颗粒内的温度梯度忽略不计。

（3）在短时间（$\mathrm{d}t$）内，湿空气与试样的热容量恒定不变。

（4）由于用于水分测定的试样质量较小（一般为 5～10 g）且红外干燥箱体积较小，在干燥过程中由试样烘干形成的湿空气可以快速逸失，湿空气的辐射可以忽略不计。

（5）不同试样与水的结合能 $\Delta\gamma$ 难以测定并计算，因此在计算试样热平衡方程中不考虑挥发结合水所克服结合能的热量 E_7。

将式（2.25）～式（2.36）代入热量平衡方程式（2.24），可得到烘干失重法红外干燥过程的热量衡算结果

$$
\begin{aligned}
& h_{\mathrm{c}}(T_{\mathrm{a}} - T_{\mathrm{y}})S\Delta x\mathrm{d}t + \varepsilon_{\mathrm{s}}\sigma\left[\left(\frac{T_{\mathrm{Ri}}}{100}\right)^4 - \left(\frac{T_{\mathrm{y}}}{100}\right)^4\right]S\Delta x\mathrm{d}t + \lambda(T_{\mathrm{i}} - T_{\mathrm{y}})S\mathrm{d}t \\
& = (\rho_{\mathrm{p}}c_{\mathrm{p}} + \rho_{\mathrm{p}}c_{\mathrm{w}}M)S\Delta x\frac{\partial T_{\mathrm{y}}}{\partial t} + [h_{\mathrm{fg}} + c_{\mathrm{v}}(T_{\mathrm{a}} - T_{\mathrm{y}})]G_{\mathrm{a}}\frac{\partial w}{\partial x}\Delta xS\mathrm{d}t
\end{aligned}
\tag{2.37}
$$

即

$$
\begin{aligned}
\frac{\partial T_{\mathrm{y}}}{\partial t} = {} & \frac{h_{\mathrm{c}}}{\rho_{\mathrm{p}}c_{\mathrm{p}} + \rho_{\mathrm{p}}c_{\mathrm{w}}M}\left[(T_{\mathrm{a}} - T_{\mathrm{y}}) + \frac{\lambda}{\Delta x}(T_{\mathrm{i}} - T_{\mathrm{y}}) - (h_{\mathrm{fg}} + c_{\mathrm{v}}(T_{\mathrm{a}} - T_{\mathrm{y}}))G_{\mathrm{a}}\frac{\partial w}{\partial x}\right] + \\
& \frac{\varepsilon_{\mathrm{s}}\sigma}{\rho_{\mathrm{p}}c_{\mathrm{p}} + \rho_{\mathrm{p}}c_{\mathrm{w}}M}\left[\left(\frac{T_{\mathrm{Ri}}}{100}\right)^4 - \left(\frac{T_{\mathrm{a}}}{100}\right)^4\right]
\end{aligned}
$$

$$
\tag{2.38}
$$

式（2.38）为烘干失重法红外干燥过程中试样的热平衡方程，等式左边为被测试样单位面积表面温度随时间的变化率，等式右边反映了干燥过程中各个因素对该温度变化率的影响情况。由式（2.37）可知，试样表面温度的变化率与红外干燥箱的系统结构、辐射器的辐射特性、干燥箱内热空气的温湿度及比热容等因素有关，对各影响因素的分析如下：

（1）提高红外干燥箱系统黑度 ε_{s}，可以有效增大试样温度随时间的变

化率，因此在干燥箱的设计上应选择优质辐射材料，并对干燥箱的几何尺寸进行优化设计，以加快干燥进程。

（2）在烘干失重法红外干燥过程中，干燥箱内的热空气既是干燥的载湿介质，又通过对流和辐射的方式为试样的干燥提供热源，因此适当的提高热空气温度可以加快试样的干燥进程。

2.4.4 红外干燥箱内部热传递过程分析

热传递是自然界中普遍存在的一种自然现象。发生热传递的唯一条件是存在温度差，与物体的状态、物体间是否接触都无关。在热传递过程中，物质并未发生迁移，只是高温物体放出热量，温度降低，内能减少，低温物体吸收热量，温度升高，内能增加。因此，热传递的实质就是内能从高温物体向低温物体转移的过程。

在烘干失重法红外干燥过程中，热源以对流、辐射和传导三种方式把热能传递给被加热的物体。三种传热方式的机理示意如图 2.10 所示。

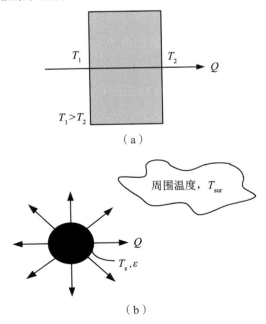

（a）

（b）

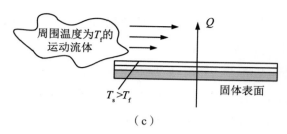

图 2.10　三种传热方式示意
（a）热传导；（b）热辐射；（c）热对流

1. 热传导

热传导是指物体在无相对位移的情况下，仅依靠自由电子、原子和分子等微观粒子的运动，使各部分之间或不同物体之间产生能量的传递红外干燥箱作为水分快速测定仪的重要部件，在工作过程中因为不同构件的比热容、导热系数及辐射吸收系数不同，往往升温的速度也不同，这个时候单个构件的不同部分或者不同构件之间便形成了温度差。根据热力学第二定律，温差会使热能从高温物体向低温物体传递，这就是红外干燥箱在加热时产生热传递的原因。铝合金材质的秤盘温度升高的速度比试样要快，导致秤盘向试样传递热量。红外干燥箱外壳的内部表面由于吸收了大量红外辐射，温度升高较快，此时外壳表面的高温部分会向低温部分传递热量。在干燥箱内，类似的热传导过程还有很多。

热传导的规律可由傅立叶定律来描述。单位时间内，不同物体传递的热量与两者温度变化率和接触面积成正比，具体公式为

$$Q_c = -\lambda A \frac{\mathrm{d}T}{\mathrm{d}x} \tag{2.39}$$

式中，Q_c 为单位时间内传导热量（kcal/h）；λ 是比例系数，称为热传导系数 [kcal/(m·h·℃)]；T 表示物体温度（℃）；A 为垂直于导热方向的物体面积（m²）；x 为导热面上的坐标（m）；负号表示热传导方向与温度梯度方向相反。

2. 热对流

热对流是指流体的宏观运动导致流体各部分之间产生相对位移，从而冷热流体之间相互混合引起的热量传递过程。本书中所提到的热对流（对流传热）为广义上的热对流，必须有流体参与，可以是固体与气体或固体与液体之间直接接触换热，也可以是气体与气体之间直接接触换热。

红外干燥箱并非全封闭结构，设有散热口，使干燥箱内外流通，因此在散热口处内外气体介质会进行对流热交换，同时外部气体介质也会与干燥箱外表面进行对流换热。在完成试样烘干的过程中，其内部介质为空气与水蒸气的混合体。气体介质与干燥箱外壳、秤盘、试样、反射罩、传感器等构件进行对流换热。据此分析，热对流虽然不是主要的加热方式，但却是主要的散热方式，对红外干燥箱的温度场同样影响很大。

对流传热可以分为强制对流和自然对流两种方式，两者产生的机理存在差别。强制对流（forced convection）是依靠外力迫使流体流动而进行的传热，如鼓风机；而自然对流（natural convection）则是因为流体内部温度不同引起密度差异，从而产生浮力导致流体流动而发生的传热现象。因为红外干燥箱内并没有排气扇，所有发生的对流换热都为自热对流。

强制对流中交换的热量公式为

$$Q_{\mathrm{f}} = \frac{3V_{\text{标}}^{0.8} \cdot A}{x^{0.25}}(T_{\text{高}} - T_{\text{低}}) \tag{2.40}$$

式中，Q_{f} 为单位时间内对流热量（kcal/h）；$V_{\text{标}}$ 为标准状况下的流体流速（m/s）；x 为流体通道的直径（m）。

自然对流中换热公式为

$$Q_{n} = KA(T_{\text{高}} - T_{\text{低}})^{1.25} \tag{2.41}$$

式中，Q_{n} 是单位时间内对流热量（kcal/h）；K 是方向系数，对于垂直的平面，$K = 2.2$；对于向上的平面，$K = 2.8$。

3. 热辐射

热辐射是一种通过电磁波传递能量的传热方式，所有温度高于绝对零度的物体都会发出辐射能，而其中因为热而发射辐射能的现象称为热辐射。热辐射不需要通过任何介质传递热量，在真空中也能传递热量。辐射能量的大小与物体的温度成正比，吸收辐射也是所有物体的一种固有属性。热辐射是红外干燥箱内部最主要的传热方式。在红外干燥箱的工作状态下，其内热源红外加热管会产生大量辐射，内顶反射罩的存在使得辐射能量大部分集中在秤盘上，被烘干试样吸收，其中一小部分会被内部构件吸收，另外一部分辐射会经散热口损失。

作为电磁辐射，红外辐射具有电磁波的共性：在真空中传播速度相同、通过横波形式直线传播、符合光的传播规律（折射、发射、衍射、偏振和干涉）和遵守逆二次方定律。红外线以量子（光子）的形式存在，单个光量子的能量为

$$E_{光子} = hv = \frac{hc}{\lambda} \tag{2.42}$$

式中，h 为普朗克常数，$h = 6.626 \times 10^{-34}\,\text{J·s}$；$v$ 为电磁波的频率（Hz）；c 为光在真空中的传播速度，约为 $3 \times 10^{8}\,\text{m/s}$；$\lambda$ 为波长（m）。

2.5 本章小结

干燥动力学和干燥热力学主要对工程干燥过程中关键参数和热力学性质进行分析和研究，它们对于理解和优化工程干燥过程具有实际意义。

干燥动力学研究干燥过程中水分传输的速率和机制。通过分析干燥速率与干燥条件、物料性质和设备参数之间的关系，可以确定最佳的干燥

操作条件，以提高干燥效率和降低能耗。了解干燥动力学还可以帮助预测干燥时间与确定干燥设备的尺寸和产能，从而优化工程设计和生产计划。

干燥热力学研究干燥热力学研究干燥过程中的热力学性质，如水分含量、湿空气的热力学性质等。通过对干燥介质和物料之间的热力学相互作用进行分析，可以确定干燥过程中的能量传递方式和传热方式，从而优化能源利用和热交换设备的设计。干燥热力学还可以帮助理解干燥过程中的温度、湿度和压力等参数的变化规律，为干燥操作提供参考和控制依据。

本章从分析含水试样的干燥动力学和热力学性质入手，利用烘干失重法测定水分含量的被测试样大多属于多孔介质，首先从多孔介质结构出发，给出了多孔介质结构示意，从微观的角度对多孔介质中的水分进行了分类，揭示了其热力学性质。其次，介绍了红外辐射的基本定律及匹配吸收准则。结合仪器设计的相关知识给出了目前常见的烘干失重法水分测定仪红外干燥箱的结构，利用能量守恒定律进行分析，得出了红外干燥箱的热平衡方程和工作过程中内部的热传递方式，这些理论分析对于后期优化干燥箱硬件设计及控制算法具有积极的指导作用。

第3章 烘干失重法红外干燥实验研究

　　烘干失重法水分测定的实现包括两个方面：恒温条件下的红外干燥及样品质量的准确称量。

　　红外干燥是指利用红外辐射加热含水试样，使物料排除挥发性湿分而获得一定湿含量固体物料的过程。针对烘干失重法红外干燥过程传热机理与传质驱动力的关联性影响，从分析被测试样内部水分的存在形式、水分与物料的结合方式，以及被测试样干燥特性曲线的阶段性特征入手，从干燥动力学理论的角度分析烘干失重法水分测定过程的规律性特征。将理论研究成果应用于烘干失重法水分测定试验的分析，选取猪通脊肉、新鲜猪皮、盐渍海带、无核葡萄干、潮湿土壤、玉米粉、小米和食盐为典型试样进行全面的试验研究，用烘干失水曲线及失水速度曲线分析试样品类、烘干温度、试样粒径、初始水分含量与初始质量对试样干燥特性曲线及失水速度的影响。

　　本章旨在对烘干失重法水分测定过程的可预估性进行全面的理论分析和试验研究，得到不同品类被测试样水分测定红外干燥过程的一般性结论。

3.1　被测试样的干燥动力学分类方法

干燥动力学的研究重点是不同物料在干燥过程中脱水量与支配因素的相互关系。在干燥过程中，被干燥物料的性质（如结构、性状、大小、热稳定性及化学稳定性）是决定干燥工艺的重要因素，尤其是水与不同品类物料相结合所产生的新特性对干燥作用的影响更为重要。水与固体物料结合的方式不同，则除去物料中水分的难易程度亦不同。为掌握烘干失重法水分测定过程中试样的脱水规律，应以水分与物料的结合方式为依据，结合被测试样的干燥特性，挑选典型试样完成烘干失重法水分测定试验。

依据《现代干燥技术》，一切含水试样按照水分与物料的相互作用可以划分为三类[①]，如表3.1所示。烘干失重法作为众多行业固体水分测定的标准方法，其被测试样也遵循该分类方法。值得说明的是，食品类被测试样属于毛细管胶体类多孔介质，其化学成分复杂，初始水分含量、物理化学性质和热力学性质迥异，特别是一些初始水分含量较高、水分分布不均匀的食品类被测试样，如新鲜肉类，其烘干失重过程耗时长、耗能大，是烘干失重法水分含量预估的重点和难点对象。

表 3.1　试样的干燥特性分类

物料类别	主要特征	典型试样
毛细管多孔介质	此类物质毛细管力远超重力；当水分含量发生变化时，几乎不发生体积变化，但会因为水分逸失而变得松脆	潮湿土壤、碎矿石、聚合物颗粒、木炭等
胶体多孔介质	此类物质在吸湿过程中会出现无限膨胀或有限膨胀，在失水过程中特别是初始干燥阶段易出现体积收缩	明胶、植物组织、皮革等

---

① 潘永康，王喜忠，刘相东. 现代干燥技术 [M]. 2 版. 北京：化学工业出版社，2007.

（续表）

物料类别	主要特征	典型试样
毛细管胶体多孔介质	此类物质具有毛细多孔构造，毛细管壁又具有胶体特性，兼具毛细管多孔介质和胶体多孔介质的干燥特性，毛细管半径大于 10^{-7} m时，内部水分较易脱除，毛细管半径小于 10^{-7} m时，脱水困难	谷物、木材、各种食品等

本书在沿用表 3.1 被测试样干燥动力学特征分类方法的基础上，充分考虑试样粒径、初始水分含量及水分测定时间的影响，选取潮湿土壤、无核葡萄干、猪通脊肉、新鲜猪皮、盐渍海带、玉米粉、小米和食盐作为烘干失重法水分含量预估方法的被测对象，并将试样所依据的水分测定国家标准进行整理（见表 3.2），作为后续烘干失重法水分测定试验的规范和准则。

其中，新鲜猪皮试样除了制革，主要可作为提取食品添加剂明胶的来源或猪皮食品原料，其水分测定方法也遵循食品水分测定国家标准《GB 5009.3—2016 食品中水分的测定》，由于新鲜猪皮试样的物理和化学性质复杂，项目组经过大量试验发现新鲜猪皮试样完成一次烘干失重法水分测定需耗时 1 ～ 2 h，具有一定的代表性。

表 3.2　烘干失重法代表试样分类与相关国家标准

试样类别	试样名称	相关国家标准	
		标准编号	标准名称
毛细管多孔介质	潮湿土壤	NY/T 52—1982	土壤水分测定法
胶体多孔介质	无核葡萄干	NY/T 705—2003	无核葡萄干
	新鲜猪皮	GB 5009.3—2016	食品中水分的测定
毛细管胶体多孔介质	猪通脊肉、盐渍海带、玉米粉、小米、食盐	GB 5009.3—2016	食品中水分的测定

3.2　材料与方法

3.2.1　试验平台

试验平台的构成如图 3.1 所示，其中水分测定选用瑞士梅特勒公司的 HC103 型水分测定仪，其量程为 100 g，精度为 ± 0.001 g，红外干燥箱烘干温度范围为 40 ～ 230 ℃。

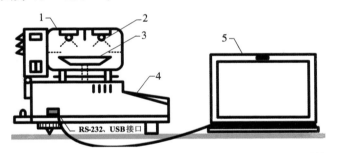

1—红外干燥箱；2—红外加热管；3—试样盘；4—电子天平；5—计算机。

图 3.1　水分测定试验平台示意

3.2.2　试验材料

试验对象选取潮湿土壤、无核葡萄干、猪通脊肉、新鲜猪皮、盐渍海带、玉米粉、小米和食盐，其中猪通脊肉试样依据《肉与肉制品　取样方法》（GB/T 9695.19—2008）之规定，剔除脂肪、筋、腱完成制备；潮湿土壤和食盐试样分别按照《土壤水分测定法》（NY/T 52—1987）和《制盐工业通用试验方法　水分的测定》（GB/T 13025.3—2012）之规定完成制备；玉米粉和小米依据《粮食、油料检验　水分测定法》（GB/T 5497—1985）之规定完成制备；新鲜猪皮、盐渍海带和无核葡萄干依据《食品中水分的测定》（GB 5009.3—2016）之规定完成制备。

3.2.3 样品制备

1. 玉米粉试样粒径测量

依据《粮食、油料检验 水分测定法》（GB/T 5497—1985）的规定，对试验样品进行制备（见表3.3）。对于粒状原粮和成品粮，除去大样杂志和矿物质进行清杂和筛选（碎化、研磨、均分），粉碎细度通过相应的圆孔筛不少于90%。筛网目数与颗粒粒径的对应关系如表3.4所示。筛分粒度即目数，是指颗粒可以通过筛网的筛孔尺寸，依据泰勒标准筛制，以1 in（1 in=25.4 mm）宽度的筛网内的筛孔数表示，目数越大，说明试样粒度越细；目数越小，说明试样粒径越大。依据《粮食、油料检验水分测定法》（GB/T 5497—1985）之规定，可利用筛孔尺寸作为测定试样颗粒粒径的指标。

表 3.3 粮食及油料试样制备方法表

粮食种类	分样数量 /g	制备方法
粒状原粮和成品粮	30～50	除去大样杂质和矿物质，粉碎细度通过 1.5 mm圆孔筛不少于90%
大豆	30～50	除去大样杂质和矿物质，粉碎细度通过 2.0 mm圆孔筛不少于90%
棉籽和葵花籽等	约30	取净籽剪碎或用研钵敲碎
油菜籽和芝麻等	约30	除去大样杂质的整粒试样
甘薯片	约100	取净片粉碎，细度同粒状粮

表 3.4 筛网直径与筛网标准目数对应表

标准目数	筛网直径 /mm	标准目数	筛网直径 /mm
5	4.00	12	1.40
7	2.80	16	1.00
8	2.00	32	0.50
10	1.60	42	0.35

2. 猪通脊肉试样粒径确定

依据《畜禽肉水分限量》（GB 18394—2020）的规定，对试验样品进行制备。对于猪通脊肉试样，将剔除脂肪、筋、腱后的肌肉组织用绞肉机绞碎，绞碎次数不少于三次，以保证试样颗粒均匀，将制备后的试样冷藏于密闭容器中。为了考察试样粒径对烘干失重法红外干燥过程的影响，分别选取绞肉机孔径为 3.00 mm、4.00 mm 和 5.00 mm 的孔板对试样进行制备，孔板直径即为试样粒径，如图 3.2 所示。

Φ3.00 mm   Φ4.00 mm   Φ5.00 mm

图 3.2 孔板直径示意图

3. 初始水分含量的测定

依据《粮食、油料检验 水分测定法》（GB/T 5497—1985）及《肉与肉制品 取样方法》（GB/T 9695.19—2008）之规定，测量试样的初始水分含量。测量时，设定红外水分测定仪烘干温度为 105 ℃，并运行平稳；取干净的铝制试样盘，放入干燥箱内烘 30 min ～ 1 h 取出，置于干燥器内冷却至室温，取出称重，再烘 30 min，直至两次重量差不超过 0.002 g，即为恒重；称取一定量（2 ～ 10 g）的试样，将试样均匀平铺在试样盘内，烘干至恒重，记录试样的质量并计算其水分含量。

为了考察初始水分含量对试样烘干失水曲线的影响，需要设置较大的初始水分含量梯度，以突出其影响。玉米粉试样粒径小、水分分布均匀，可通过喷雾加湿法进行制备，加湿后的试样在恒温 4 ℃ 环境下存储平衡 72 h 以上，并在试验开始前测量其初始水分含量。而对于猪通脊肉试样，在不破坏其物理、化学结构和性质的前提下，很难通过人工方式改变其初始水分含量，制造出较大的水分含量梯度。因此，在考察初始水分含量对试样干燥特性的影响时，本书仅以玉米粉为被测试样完成分组试验。

3.2.4　试验参数计算

1. 水分含量

水分含量的表示方法有两种：湿基表示法和干基表示法。湿基表示法和干基表示法分别以试样质量和试样中固体干物质为基准计算物质的水分含量。干基水分含量与湿基水分含量的转换关系为

$$\begin{cases} Y = \dfrac{M}{1-M} \\ M = \dfrac{Y}{1+Y} \end{cases} \tag{3.1}$$

式中，Y 为干基水分含量；M 为湿基水分含量。

2. 失水速度

失水速度或水分汽化速率是干燥试验研究的一个重要指标。失水速度为单位时间内试样水分含量的变化率

$$v = \frac{-(M_i - M_{i-1})}{t_i - t_{i-1}} = \frac{\Delta M}{\Delta t} \tag{3.2}$$

式中，M_i 为 i 时刻干燥试样水分含量；t_i 为干燥时间（s）；ΔM 和 Δt 分别为水分含量和时间的一阶差分。

3.2.5　试验工况设计

烘干失重法红外干燥过程是多孔介质复杂的相变并伴随质量和热量耦合传递的干燥动力学过程。依据干燥动力学理论，外部干燥工艺参数如干燥温度、热风速率、试样尺寸等对试样内部水分逸失的影响较大，这主要是由于在干燥过程中多孔材料随着水分的扩散和温度的变化而导致各组分比例、试样内部结构、孔隙率和密度都发生了变化，从而影响内部水分的扩散。

本书以上述研究成果为基础，充分考虑烘干失重法红外干燥的特点确定试样品类、烘干温度、初始水分含量、初始质量、试样粒径五种内、外部因素对典型被测试样水分含量测定过程的影响。其中外部条件单因素试验方案如表 3.5 所示，每种影响因素设定三个水平分组，每组试验重复三次，取平均值作为最终结果。

表 3.5　干燥条件单影响因素试验方案

试验分组	试样品类	固定条件	变化条件	
烘干温度单因素试验方案	玉米粉	初始质量(5.000±ε) g；试样粒径 1.25 mm；初始水分含量 10.28%	烘干温度（ T ）	105 ℃
				115 ℃
				130 ℃
	猪通脊肉	初始质量(5.000±ε) g；试样粒径 4.00 mm；初始水分含量 70.15%		105 ℃
				115 ℃
				130 ℃
初始含水率单因素试验方案	玉米粉	初始质量(5.000±ε) g；烘干温度 105 ℃；试样粒径 1.60 mm	初始水分含量(M)	10.28%
				13.30%
				17.49%
初始质量单因素试验方案	玉米粉	烘干温度 105 ℃；初始水分含量 11.94%；试样粒径 1.25 mm	初始质量(m_0)	4.998 g
				7.003 g
				10.002 g
	猪通脊肉	烘干温度 105 ℃；初始水分含量 71.15%；试样粒径 4.00 mm		4.967 g
				6.997 g
				10.003 g

（续表）

试验分组	试样品类	固定条件	变化条件	
试样粒径单因素试验方案	玉米粉	烘干温度 105 ℃；初始水分含量 13.31%；初始质量（5.000±ε）g	试样粒径（δ）	2.80 mm
				1.60 mm
				0.50 mm
	猪通脊肉	烘干温度 105 ℃；初始水分含量 70.15%；初始质量（5.000±ε）g		3.00 mm
				4.00 mm
				5.00 mm

注：ε 为被测试样分散性引起的微小称重误差 $\varepsilon \leqslant 0.005$。

3.3 试样品类对烘干进程的影响

依据烘干失重法国家标准，设定烘干温度为 105 ℃，试样质量称取 5.000±ε（ε 为样品分布均匀性引起的微小误差），完成烘干失重法水分测定试验，结果记录如表 3.6 所示，以说明不同品类试样在烘干失重法水分测定过程中的差异。

表 3.6 代表性试样水分测定结果

试样名称	测定温度 /℃	试样质量 /g	水分含量 /%	测定时间 /min
潮湿土壤	105	4.996～5.063	21.33～30.31	36.50～45.70
无核葡萄干	105	4.998～5.104	12.52～15.11	30.50～43.20
猪通脊肉	105	4.967～4.997	69.79～73.18	78.10～106.40
新鲜猪皮	105	4.977～5.072	53.65～61.26	46.70～65.40
盐渍海带	105	5.006～5.137	55.89～65.16	35.20～60.40
玉米粉	105	4.998～5.002	10.28～13.70	23.60～27.30
小米	105	4.983～5.006	10.34～13.59	18.90～25.50
食盐	105	4.998～5.004	1.77～2.89	5.20～7.70

由表 3.6 可知，水分含量较高的被测试样，水分测定时间相对较长，水分含量较低的被测试样其测定时间相对较短。从试样粒径和水分分布均匀性角度进行比较，潮湿土壤、玉米粉、小米和食盐试样粒径较小，初始

水分含量中、低，水分分布较为均匀，烘干时间较短，试样会因水分逸失而变得松脆，对比毛细管多孔介质的定义和特征，可以推断该类试样在干燥特性上更接近于毛细管多孔介质，可归类为类毛细管多孔介质型试样；而无核葡萄干、猪通脊肉、新鲜猪皮、盐渍海带试样粒径较大，初始水分含量中、高，水分分布不均匀，烘干时间较长，在干燥过程中试样体积出现收缩，对比胶体多孔介质的定义和特征，可归类为类胶体多孔介质型试样。对上述试样的分型特征进行归纳总结，结果如表 3.7 所示。

表 3.7　典型被测试样的分型特征描述

试样分型	烘干耗时	试样名称	国标水分限定值	失水特征描述
类胶体多孔介质型	较长 30.5～106.4 min	猪通脊肉 新鲜猪皮	≤ 77% ≤ 65%	试样粒径较大、水分分布不均匀、干燥过程中试样体积出现收缩
		盐渍海带	≤ 70%	
		无核葡萄干	≤ 15%	
类毛细管多孔介质型	较短 5.2～45.7 min	潮湿土壤	潮湿土样 5%～25%	试样粒径较小、水分分布均匀、干燥过程中体积基本不变，但会因失水变得松脆
		黏重潮湿土样	≥ 25%	
		玉米粉	9%～15%	
		食盐	≤ 6%	
		小米	≤ 13%	

可以通过绘制干燥特性曲线和失水速度曲线的方法对典型被测试样的分型特征进行更直观的说明和解释，如图 3.3（a）、图 3.3（b）所示。由图 3.3 可知，本书所选的被测试样，其干燥特性曲线的变化过程都具有明显的升速和降速阶段，而未出现明显的恒速干燥阶段。对于水分含量较低，粒径较小的类毛细管型被测试样，干燥介质（热空气）与试样间的接触和流动性较好，试样内部的水分能够迅速扩散到试样表面，维持试样表面水分蒸发，因此其升速干燥阶段相对时间较长且蒸发的水分较多。而对于水分含量较高且颗粒较大类胶体多孔介质试样，干燥介质与试样间的接

触和流动性较弱，在很短的时间内其内部的水分无法迅速传递至试样表面，加之干燥过程中试样体积收缩，进一步减小了试样与干燥介质（热空气）的接触面积，使升速干燥过程持续时间极短，干燥特性曲线以降速干燥阶段为主。

试样失水速度曲线形态上的差别更清晰地反映出两类试样升速干燥阶段的差异性 [见图 3.3（b）]，以猪通脊肉为代表的类胶体多孔介质型试样，其升速干燥阶段持续时间极短，试样体积收缩，失水速度迅速升高后便进入降速干燥阶段。Onwude 等人对初始水分含量约为 77.6% 的甘薯薄片（试样厚度为 0.4 cm 和 0.6 cm）的红外干燥特性进行了分析与研究，通过绘制失水速度—干基水分含量曲线，证明几乎整个干燥过程都处于降速干燥阶段，升高干燥温度可有效提高失水速度[①]。在含湿量为 82% 的莳萝和香菜叶子的干燥特性研究过程中也得到了相似的结论。

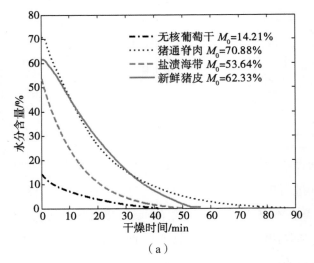

（a）

① ONWUDE D I , HASHIM N , ABDAN K ,et al. Modelling the mid-infrared drying of sweet potato: kinetics, mass and heat transfer parameters, and energy consumption[J]. Heat and Mass Transfer, 2018, 54(10):2917-2933.

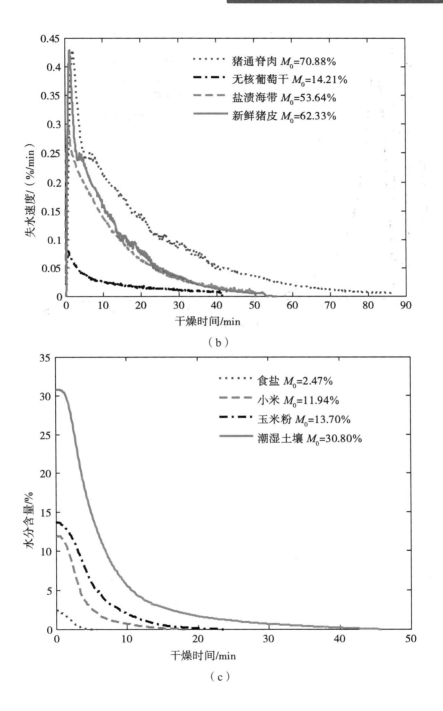

（b）

（c）

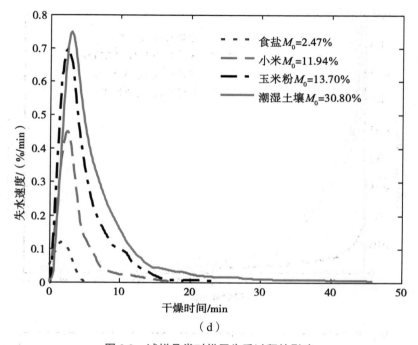

图 3.3　试样品类对烘干失重过程的影响

（a）类胶体多孔介质型试样干燥特性曲线；（b）类胶体多孔介质型试样失水速度曲线；
（c）类毛细管多孔介质型试样干燥特性曲线；（d）类毛细管多孔介质型试样失水速度曲线

　　如图 3.3（c）、（d）所示，以玉米粉为代表的类毛细管多孔介质型试样，其升速干燥阶段持续时间相对较长，失水速度具有明显的先升后降变化趋势，该类试样干燥过程中体积收缩不明显，会失去弹性，明显变脆。特别是对于水分含量较低（初始水分含量为 2.47%）、水分分布均匀的食盐试样，其升速干燥阶段和降速干燥阶段持续时间几乎相等。胡建军等人在分析棉花秸秆干燥特性的过程中，将试样进行粉碎、过筛处理，再利用自动热重分析仪记录试样的干燥特性曲线，证明试样干燥过程中有升速、恒速、降速三个干燥阶段，被测试样所含自由水的逸失主要发生在升速干燥阶段和恒速干燥阶段[①]。

① 胡建军，沈胜强，师新广，等 . 棉花秸秆等温干燥特性试验研究及回归分析 [J]. 太阳能学报，2008, 29(1): 100-104.

3.4　初始水分含量对烘干进程的影响

取初始水分含量分别为 10.28%、13.30% 和 17.49% 的玉米粉试样，烘干温度为 105 ℃，初始质量为 5.000±ε g（ε ≤ 0.005 g），以分析初始水分含量对干燥特性的影响，结果如图 3.4（a）、（b）所示。

由图 3.4（a）、（b）可见，初始水分含量越高，升速干燥阶段失水速度越大，用初始含水量为 17.49% 和 10.28% 的大米试样进行对比试验，两种试样的最大失水速度为 0.52 %/min 和 0.26 %/min。由图 3.4（b）可见，玉米粉试样烘干失重法红外干燥过程中并未出现明显的恒速干燥阶段，初始水分含量对玉米粉失水速度的影响主要表现在干燥前期，在干燥后期不同初始水分含量的试样的失水速度曲线变化渐渐趋于稳定。

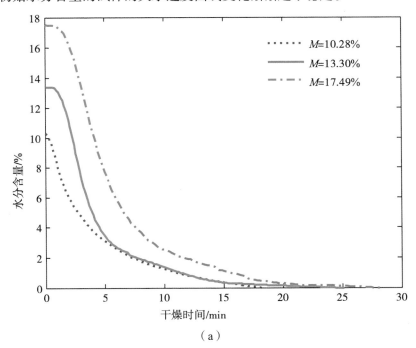

（a）

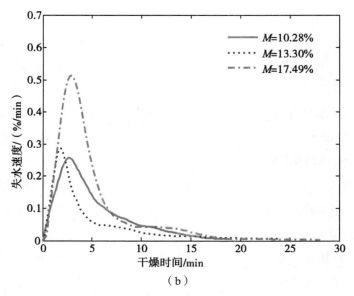

图 3.4　初始水分含量对干燥特性的影响

（a）不同水分含量玉米粉烘干失水曲线；（b）不同水分含量玉米粉干燥失水速度曲线

　　从干燥动力学角度分析，水分梯度和温度梯度是试样红外干燥过程的主要驱动力。对于同一品类的被测试样，初始水分含量高，试样内部的水分梯度相对较大，失水速度也较高。

3.5　烘干温度对烘干进程的影响

　　烘干温度是影响物质干燥特性的重要因素，为了保证试验的全面可靠，本书依次分析了烘干温度对玉米粉及猪通脊肉试样干燥特性的影响，结果如图 3.5 所示。对于相同初始水分含量（10.28%）的玉米粉试样 [见图 3.5（a）、（b）]，提高烘干温度，最大失水速度由 0.28%/min 提升至 0.45%/min，经测定干燥时间由 24.8 min 缩短至 15.2 min；对于猪通脊肉试样，其初始水分含量为 70.15%，将烘干温度由 105 ℃ 提升至 130 ℃，最大失水速度明显增大，完成干燥时间由 84.3 min 缩短至 53.2 min，如图 3.5

（c）、（d）所示。由于温度梯度是试样湿分扩散的重要驱动力，烘干温度
越高，试样内部水分的蒸发和扩散能力越强，从而增大试样的失水速度。

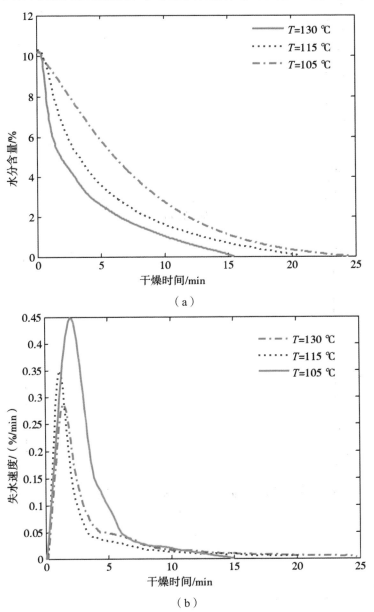

（a）

（b）

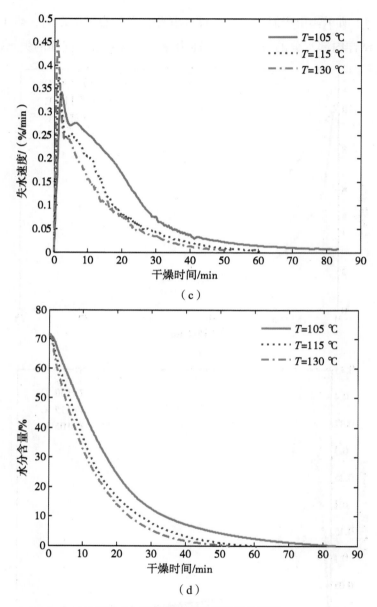

图 3.5　烘干温度对干燥特性的影响

（a）不同烘干温度玉米粉干燥特性曲线；（b）不同烘干温度玉米粉失水速度曲线；

（c）不同烘干温度猪通脊肉干燥特性曲线；（d）不同烘干温度猪通脊肉失水速度曲线

3.6　试样粒径对烘干进程的影响

　　将初始水分含量为 13.31% 的玉米试样制备成粒径分别为 2.80 mm、
1.60 mm 和 0.50 mm 的颗粒状试样，设定烘干温度为 105 ℃，完成红外干
燥试验，结果如图 3.6（a）、（b）所示。初始水分含量为 70.15% 的猪通
脊肉试样，利用绞肉机的孔板直径对试样粒径进行区分，分为 3.00 mm、
4.00 mm 和 5.00 mm 三个等级，完成红外干燥试验，结果如图 3.6（c）、
（d）所示。

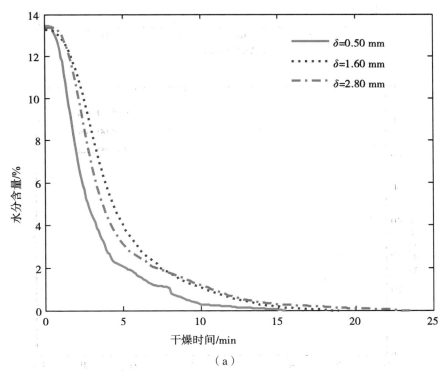

（a）

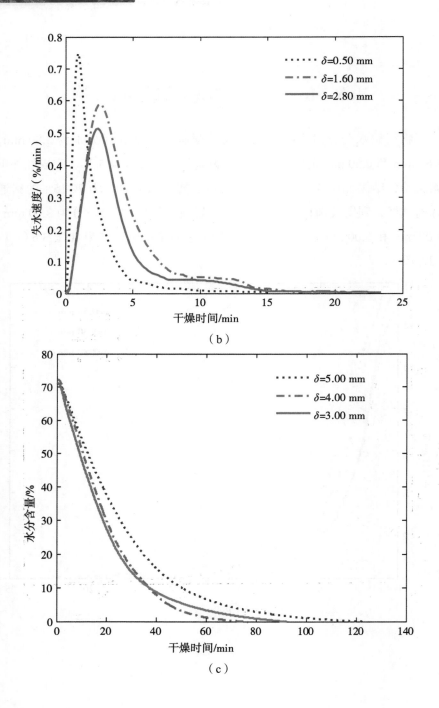

（b）

（c）

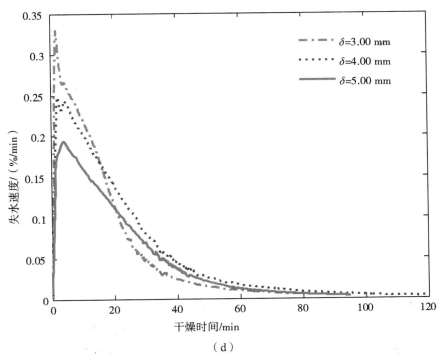

图 3.6　试样粒径对干燥特性的影响

（a）不同粒径玉米粉干燥特性曲线；（b）不同粒径玉米粉失水速度曲线；
（c）不同粒径猪通脊肉干燥特性曲线；（d）不同粒径猪通脊肉失水速度曲线

　　试样粒径的增大会导致烘干时间延长，对于玉米粉试样，粒径为 0.50 mm 的试样，烘干时间为 15.2 min，粒径为 2.80 mm，则烘干时间延长至 23.6 min，如图 3.6（a）所示；从失水速度的角度验证了试样粒径越小，则失水速度越大，如图 3.6（b）所示。对于猪通脊肉试样，孔板直径为 3.00 mm 制备的试样，烘干至恒重需要的时间约为 90.2 min，当孔板直径增加至 5.00 mm 时，试样烘干至恒重的时间也增加了，约为 120.3 min，如图 3.6（c）所示；随着孔板直径由 3.00 mm 增大至 5.00 mm，最大失水速率呈现减小的趋势，即试样的粒径越小，干燥进程越快，如图 3.6（d）所示。

从干燥动力学角度分析，在其他干燥条件相同的情况下，粒径越小，则热量从颗粒外部向内部传递的距离越短，缩小试样粒径可以有效增大蒸发面积，汽化的水分从颗粒内部向颗粒表面迁移的距离缩短，水分更快地脱除，在上述因素的综合作用下，试样的失水速度明显提高，加快了烘干失重的进程。减小被测试样的粒径还可以改变试样颗粒对红外光线的吸收能力。

3.7　初始质量对烘干进程的影响

采用玉米粉和猪通脊肉试样，分别将初始水分含量、试样粒径、烘干温度设为固定条件，只改变试样的初始质量，完成红外干燥试验，试样的干燥特性曲线和失水速度曲线如图 3.7 所示。

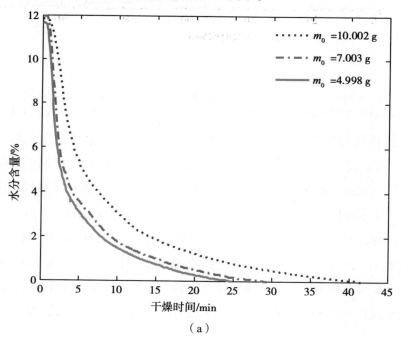

（a）

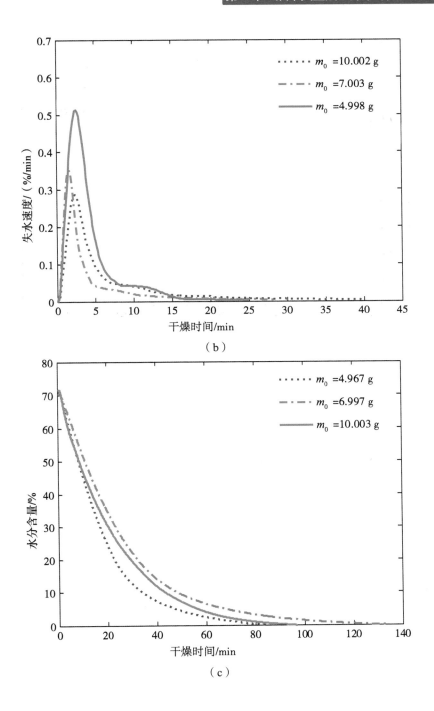

（b）

（c）

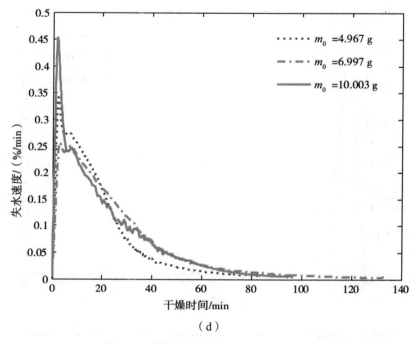

（d）

图 3.7　试样初始质量对干燥特性的影响

（a）不同初始质量玉米粉干燥特性曲线；（b）不同初始质量玉米粉失水速度曲线；
（c）不同初始质量猪通脊肉干燥特性曲线；（d）不同初始质量猪通脊肉失水速度曲线

　　由图 3.7 可知，试样初始质量的增大会导致烘干时间延长。以玉米粉作为水分分布较为均匀的试样 [见图 3.7(a)]，初始质量为 4.998 g 的试样，烘干时间为 24.8 min，保持其他干燥条件不变，增加初始质量至 10.002 g，则烘干时间延长至 38.5 min。如 3.7（c）所示，猪通脊肉试样水分分布较不均匀，以孔板直径为 4 mm 进行制备，当初始质量从 4.967 g 增加至 10.003 g，试样烘干至恒重的时间从 82.3 min 增加到了 134.2 min，增幅达 63.06%。

　　对于颗粒状的固体试样，初始质量不同会直接影响试样的堆积厚度。从干燥动力学角度分析，由装载量的增加而引起试样堆积厚度的增加，则干燥过程中所需除去的水分也相应增加，而在烘干温度、初始水分含量、试样粒径等条件相同的情况下，单位时间内试样蒸发排除水分的能力是一定的，从而导致干燥时间延长；而试样装载量的增加水分蒸发面至试样表面的距离，从而阻碍试样内部水分的逸失。当试样厚度增大时，试样内部水分扩散过程中传递的距离增大，相应的比表面积减小，导致失水速度的减小，对油菜籽的红外干燥过程进行研究可得到类似结论。

从红外加热干燥的辐射深度来考虑，试样初始质量的增加必然引起堆积厚度的改变，由于红外卤素灯的辐射深度有限，其他干燥条件保持不变的情况下，试样厚度越小，红外辐射热均匀性越好。鉴于此，在烘干失重法水分测定过程中，针对不同品类的试样，国家标准给出了具体的试样制备过程，试样的选取大多为 2 ~ 10 g。

3.8 本章小结

食品类被测试样属于毛细管胶体类多孔介质，其化学成分复杂，初始水分含量、物理化学性质和热力学性质迥异，特别是一些初始水分含量较高、水分分布不均匀的试样，其烘干失重过程耗时长、耗能大，是烘干失重法水分含量预估的重点和难点对象。因此，在本章实验环节，选取潮湿土壤、无核葡萄干、猪通脊肉、新鲜猪皮、盐渍海带、玉米粉、小米和食盐作为试验对象，分析烘干温度、初始水分含量、初始质量、试样粒径五种内、外部因素对典型被测试样水分含量测定过程的影响。

烘干失重法水分测定作为一种无筛选水分测定方法，最大的优势是其被测对象的广泛性。本章首先从分析含水试样的干燥动力学和热力学性质入手，依据水分与试样的相互作用，对烘干失重法的被测对象进行分类，进行单因素实验，验证不同干燥条件下多品类被测试样的干燥特性，为后续深入理解和阐述烘干失重法改进策略提供实验基础。

第4章 烘干失重法可预估性研究

　　烘干失重法水分测定的实现包括两个方面，即恒温条件下的红外干燥及样品质量的准确称量。

　　红外干燥是指将利用远红外辐射加热含水试样，使物料除去挥发性湿分，而获得一定湿含量固体物料的过程。针对烘干失重法红外干燥过程传热机理与传质驱动力的关联性影响，从分析被测试样内部水分的存在形式、水分与物料的结合方式，以及被测试样干燥特性曲线的阶段性特征入手，从干燥动力学理论的角度分析烘干失重法水分测定过程的可预估性。将理论研究成果应用于对烘干失重法水分测定试验的分析，选取猪通脊肉、新鲜猪皮、盐渍海带、无核葡萄干、潮湿土壤、玉米粉、小米和食盐作为典型试样，进行全面的试验研究，用烘干失水曲线及失水速度曲线，分析试样品类、烘干温度、试样粒径、初始水分含量及初始质量对试样干燥特性曲线和失水速度的影响。

　　本章旨在对烘干失重法水分测定过程的可预估性进行全面的理论分析和试验研究，总结被测试样红外干燥过程的规律，提出建立烘干失重法水分含量预估融合方法的构想和思路。

4.1　烘干失重法水分测定原理

4.1.1　烘干失重法水分测定过程

烘干失重法水分测定仪是将红外干燥箱与称重系统有机结合，红外干燥箱作为干燥单元，负责在恒温条件下将试样烘干至恒重，称重系统负责实时称量试样的质量，计算试样水分含量。烘干失重法水分测定仪测定原理如图 4.1 所示。

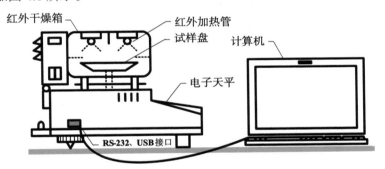

图 4.1　烘干失重法水分测定仪结构示意

在烘干前，取清洁的试样盘进行预烘并达到恒重，即连续两次干燥后称重的差值小于 0.002 g。预烘完毕后，将样品中的大样进行分样（碎化、研磨、均分）处理，再称取一定量（2～10 g）的试样，将试样均匀平铺在称量盘内，随后进行水分测定，参照《烘干法水分测定仪》（JJG 658—2010），以 1 mg/60 s 失水率判定法判定测定终点，记录试样达到恒重时的质量。

4.1.2　试样质量在线称量原理

称重模块作为水分测定仪的核心组成部分，目前市售的烘干失重法水分测定仪称重传感器多采用电阻应变片式称重传感器，传感器的工作原理如图 4.2 所示，在弹性敏感器件上粘贴 4 个电阻应变片构成惠斯通电桥。当水分测定仪秤盘加入载荷，称重传感器的弹性敏感元件发生应变对应电桥内阻值改变，使电桥失去平衡，输出电压与承受载荷成正比；当水分测定仪秤盘上空载时，弹性敏感元件无应变，则粘贴在上面的应变片无形变，应变片的阻值不变，电桥输出电压为零。

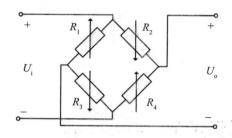

图 4.2　电阻应变片式称重传感器工作原理图

在图 4.2 中，R_1、R_2、R_3、R_4 为惠斯通电桥电阻，U_i 为电桥输入电压，U_o 为电桥输出电压。传感器承受载荷时，弹性体形变并传递到应变片的栅丝上，使电桥的阻值比发生改变。电桥输出电压 U_o 为

$$U_o = \left(\frac{R_4}{R_2 + R_4} - \frac{R_3}{R_1 + R_3} \right) U_i \tag{4.1}$$

当四个桥臂同时工作时，各桥臂的电阻都将发生变化，对应电阻 R_1、R_2、R_3 和 R_4 分别有应变 ΔR_1、ΔR_2、ΔR_3 和 ΔR_4，将式（4.1）进行全微分，可求得电桥的输出电压增量。

$$
\begin{aligned}
\mathrm{d}U_o &= \frac{\partial U_o}{\partial R_1}\mathrm{d}R_1 + \frac{\partial U_o}{\partial R_2}\mathrm{d}R_2 + \frac{\partial U_o}{\partial R_3}\mathrm{d}R_3 + \frac{\partial U_o}{\partial R_4}\mathrm{d}R_4 \\
&= U_i \left[\begin{array}{l} \dfrac{R_1 R_2}{(R_1 + R_2)^2}\left(\dfrac{\Delta R_1}{R_1}\right) - \dfrac{R_1 R_2}{(R_1 + R_2)^2}\left(\dfrac{\Delta R_2}{R_2}\right) + \\ \dfrac{R_3 R_4}{(R_3 + R_4)^2}\left(\dfrac{\Delta R_3}{R_3}\right) - \dfrac{R_3 R_4}{(R_3 + R_4)^2}\left(\dfrac{\Delta R_4}{R_4}\right) \end{array} \right]
\end{aligned} \tag{4.2}
$$

对于全等臂电桥，即 $R_1 = R_2 = R_3 = R_4 = R$，当电桥处于平衡状态时，式（4.2）可表示为

$$U_{\mathrm{o}} = \frac{U_{\mathrm{i}}}{4}\left(\frac{\Delta R_1}{R_1} - \frac{\Delta R_2}{R_2} + \frac{\Delta R_3}{R_3} - \frac{\Delta R_4}{R_4}\right) \qquad （4.3）$$

令

$$\frac{\Delta R_i}{R_i} = k_i \varepsilon_{Ri}\,(i = 1,2,3,4) \qquad （4.4）$$

式中，k_i 为各桥臂的灵敏系数；ε_{Ri} 为电阻变化率。当各桥臂应变片的灵敏系数 k 相同时，得

$$U_{\mathrm{o}} = U_{\mathrm{i}} k \frac{(\varepsilon_{R_1} - \varepsilon_{R_2} + \varepsilon_{R_3} - \varepsilon_{R_4})}{4} \qquad （4.5）$$

由式（4.5）可知，应变式传感器的输出与应变片的电阻值变化有关，并且与桥臂电阻的代数和成正比。

当水分测定仪秤盘上加入载荷时，电桥输出电压 U_{o} 与载荷质量成正比，输出的电压差分信号经调理电路进行放大、滤波处理后，经 ADC 采样单元转换，即可根据校准数值计算出载荷的实际质量。

4.2　试样干燥特性曲线阶段性特征分析

在红外干燥过程中当被测试样水分含量较低时，水分在其内部主要以蒸汽形式进行迁移；当试样水分含量较高时，部分水分以液体形式迁移至蒸发层，另一部分则以蒸汽形式由蒸发层向外迁移。据此分析，在干燥初期，含水试样蒸发层与试样表层重合，随着干燥过程的推进，蒸发层加速向试样内部深入，如图 4.3 所示。

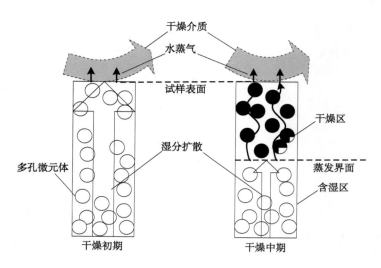

图 4.3　干燥过程试样水分迁移示意

　　烘干失重法红外干燥过程的试验规律研究是研究在不同干燥条件下，试样的水分含量和失水速度随干燥时间变化而变化的规律。在一定干燥条件下，干燥过程中试样的湿基水分 M 和干燥时间 t 的关系曲线，即 $M=f_1(t)$ 为试样的干燥特性曲线，如图 4.4 中曲线 $A_1B_1C_1D_1$。

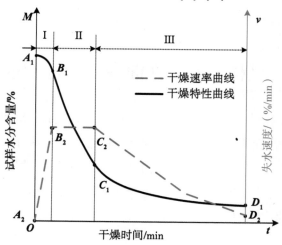

图 4.4　典型烘干失水曲线与失水速度曲线

4.2.1　升速干燥阶段 A_1B_1

在干燥过程的初始阶段，当试样被置于加热的空气中时，试样的温度低于该条件下干燥介质（空气）的温度，由于空气和试样之间存在温度差，空气向试样传递热量，试样温度上升，试样表面的水分被汽化。初始时段汽化所需热量小于空气传入试样的热量，随着试样温度的增加，水分汽化速率或试样水分含量的变化率逐渐增大，当水分汽化所需的热量等于空气传入试样的热量时，标志着升速干燥阶段的结束。

4.2.2　恒速干燥阶段 B_1C_1

此阶段试样表面润湿，呈现连续水膜。试样表面温度始终保持与该条件下空气温度相等的温度，所以空气向试样的传热推动力及水分从试样表面向空气迁移的推动力均恒定不变。随着热量的传递，试样内的温度梯度减小或消失，则试样中的自由水（毛细管水分和渗透水分）蒸发和内部水分迁移快速进行，试样水分含量降低得非常迅速，这个过程被称为恒速干燥阶段。

4.2.3　降速干燥阶段 C_1D_1

烘干失水曲线的转折点 C_1 称为恒速干燥阶段与降速干燥阶段的临界点或"拐点"。该点的试样水分含量称为临界含水量。物料内的结合水主要在此阶段被蒸发，此阶段物料失水速度变化主要与物料的性质、结构尤其是水分的存在方式紧密相关。

从失水速度曲线 $A_2B_2C_2D_2$ 来看，将被测试样置于红外干燥箱内，水分开始蒸发，失水速度由小到大，直线上升，随着热量的传递，失水速度很快达到峰值，这个过程为干燥升速阶段（A_2B_2）。达到 B_2 点时，失水速度最大，此时水分从试样表面扩散到空气中的速率等于或小于水分从内部转移到表面的速率，失水速度恒定。在此阶段中，试样内部的水分快速迁移至干燥表面。

当失水速度曲线到达 C_2 点时（对应烘干失水曲线的 C_1 点），C_2 点也被称为失水速度的临界点，经过临界点后，试样的表面不再全部为水分润湿。降速干燥阶段开始汽化试样中的结合水分，失水速度随试样含水量的降低及迁移到试样表面水分的减少而不断下降，干燥过程由表面汽化控制转为内部扩散控制。对于大量的生物性干燥试样，恒速干燥阶段持续时间很短或不存在，这一论点在红外干燥土豆、猕猴桃切片、猪通脊肉等生物性试样的干燥特性研究中都得到了验证。

4.3　烘干失重过程预估特征参数提取

为实现烘干失重法水分含量预估融合的设想，本书在充分考虑被测试样干燥特性的基础上，对多种具有代表性试样设计并完成大量水分测定试验，记录干燥特性曲线并结合干燥动力学及热力学知识，提取烘干失重过程的可预估性特征参数。

4.3.1　不同品类试样升速干燥阶段的差异性

通过理论分析与可预估性试验验证，本书在沿用被测试样干燥动力学分类方法的基础上，结合被测试样的红外干燥特性，将被测试样进一步划分为两个类型：类胶体多孔介质型和类毛细管多孔介质型，分别归纳试样烘干失重过程的特征，如表 4.1 所示。

通过表 4.1 的总结与归纳，类胶体多孔介质型和类毛细管多孔介质型被测试样烘干失重过程最大区别在于升速干燥阶段失水过程具有差异性。本书以升速干燥阶段失水量为切入点，为类胶体多孔介质型试样和类毛细管多孔介质型试样的分型提供量化指标。

表 4.1 干燥动力学分型下被测试样烘干失重过程特征总结

类 型	烘干失重过程特征描述	代表试样
类胶体多孔介质型	试样粒径较大，水分分布不均匀，在升速干燥阶段试样内部水分无法迅速扩散至试样表面使得升速干燥阶段持续时间极短，水分逸失主要发生在降速干燥阶段	猪通脊肉、新鲜猪皮、盐渍海带、无核葡萄干
类毛细管多孔介质型	试样粒径较小，水分分布均匀，在升速干燥阶段试样内部水分可迅速扩散至试样表面，具有明显的升速干燥阶段，水分逸失主要发生在升速干燥阶段	潮湿土壤、玉米粉、小米、食盐

本书选取具有代表性的试样（玉米粉和猪通脊肉），设定烘干温度为 105 ℃，初始质量为（5.000±ε）g（ε 为试样分散性引起的微小误差），利用差分的方法做出了试样失水速度与失水加速度的曲线，计算出干燥特性曲线的拐点 C，干燥特性曲线分段过程如图 4.5 所示。

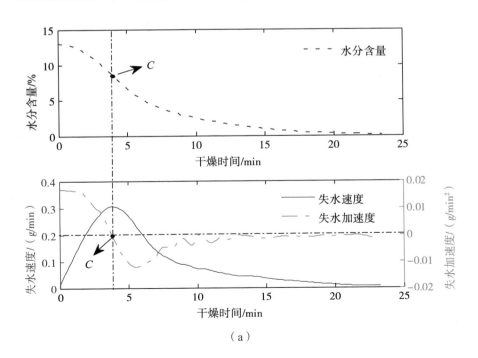

（a）

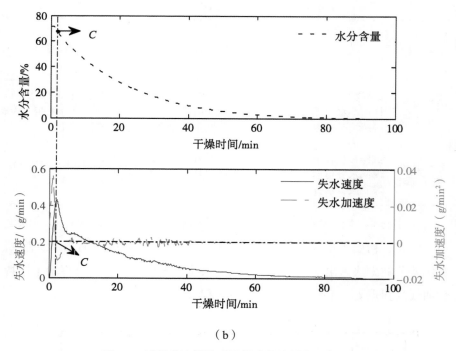

（b）

图 4.5 试样升速及降速干燥阶段的判定示意图

（a）玉米粉干燥特性曲线分段过程；（b）猪通脊肉干燥特性曲线分段过程

由图 4.5 可以清晰直观地看到类胶体多孔介质和类毛细管多孔介质在升速干燥阶段的差异性，玉米粉试样干燥时间较短，并且具有明显的升速干燥过程，而猪通脊肉试样升速干燥阶段持续时间极短，难以"捕捉"。同时，以升速干燥阶段试样水分逸失的百分比 η 为指标，判定被测试样烘干失重过程中重心所处的位置，为判断试样所属的类型提供清晰的判断依据。具体计算公式为

$$\eta = \frac{m_0 - m_c}{m_0} \times 100\% \qquad (4.6)$$

式中，m_0 为被测试样的初始质量（kg）；m_c 为被测试样拐点所对应的实测质量（kg）；试样升速干燥阶段水分逸失的百分比 η（%）。计算结果如表 4.2 所示。

分析表 4.2 中升速干燥阶段试样水分逸失的百分比 η 的计算结果可见，由试样品类引起的升速干燥阶段的差异性最终可反映为试样重心的差异性。对于以猪通脊肉为代表的类胶体多孔介质型被测试样，初始水分含量较高，试样粒径较大，并且试样颗粒与干燥介质（热空气）间的接触和流动性较差，导致其升速干燥阶段持续时间极短，占总烘干时间的 1.83% ～ 3.49%，失水百分比为 13.02% ～ 17.22%，由此推断该类试样的重心位于降速干燥阶段；对于以玉米粉为代表的类毛细管多孔介质型被测试样，初始水分含量中等，试样粒径很小，并且试样颗粒与干燥介质间的接触和流动性较好，升速干燥阶段持续时间较长，占总烘干时间的 16.08% ～ 17.84%，失水百分比为 47.70% ～ 55.11%，由此推断该类试样的失水重心位于升速干燥阶段。

表 4.2　典型试样升速干燥阶段失水量化对比

试样名称	试样质量/g	水分含量/%	测定时间/min	拐点质量/g	拐点位置/min	升速阶段	
						时间比例/%	η/%
猪通脊肉	4.996	71.71	94.30	4.379	3.30	3.49	17.22
	5.007	70.15	88.40	4.474	2.10	2.38	15.17
	4.997	72.34	103.60	4.517	1.90	1.83	13.28
	5.005	69.79	87.30	4.550	1.60	1.83	13.02
	4.995	71.89	95.80	4.433	2.20	2.29	15.65
玉米粉	4.995	13.13	26.90	4.667	4.80	17.84	50.01
	4.996	12.77	25.70	4.672	4.30	16.73	50.78
	5.003	10.28	23.40	4.754	3.90	16.67	48.41
	5.007	12.25	25.50	4.669	4.10	16.08	55.11
	5.002	12.28	24.80	4.709	4.10	16.53	47.70

4.3.2 被测试样降速干燥阶段的渐进稳定性

本书的主要研究目的是设计一种应用于烘干失重法水分测定的预估融合方法，在试样未达到恒重状态前准确估计试样的平衡水分含量 M_∞。被测试样降速干燥的渐进稳定性可以理解为，对于类胶体多孔介质型和类毛细管多孔介质型固体试样，干燥特性曲线的变化规律均满足升速—降速的变化规律，改变烘干条件（试样粒径、初始水分含量、烘干温度和初始质量）仅影响失水速度的大小，而不影响干燥特性曲线的形态。水分含量变化在降速干燥阶段趋于稳定，其变化规律和指数曲线的变化规律相类似。

4.4　基于 Luikov 理论的预估模型建立

烘干失重法红外干燥过程是多孔介质复杂的相变并伴随质量和热量耦合传递的干燥动力学过程。经验—半经验干燥模型的广泛应用无疑对人们认识和描述红外干燥过程做出了巨大的贡献，但归根到底这些模型还停留在"黑盒"阶段，模拟过程更注重对干燥失水曲线的拟合，模型中各参数的意义往往不明确，往往是一种试样对应一个模型，通用性不强，无法很好地与干燥工艺和方法有效结合，致使模型的使用价值和研究意义大大降低。

黄艳等在真空干燥条件下对银耳的干燥特性进行了研究，通过试验分析得到了微波强度、真空度及初始水分含量与银耳干燥过程水分比的对数之间的数学模型[①]。李汴生等对糖渍加应子的热风干燥特性进行了研究，确立了 Page 模型为描述加应子干燥特性的数学模型，同时选取干燥环境

---

① 黄艳，黄建立，郑宝东. 银耳微波真空干燥特性及动力学模型 [J]. 农业工程学报，2010, 26(4): 362-367.

平均温度与湿度建立了干燥模型参数的线性回归方程 [①]。

根据 Luikov 理论，将干燥物料传质传热视为非稳态不可逆过程，为简化模型，需做出必要的假设。

（1）被测试样作为多孔介质，包含固、液、气三相。

（2）将试样视为均匀、各向同性连续介质。

（3）各相处于局域热力学平衡状态。

基于以上假设，结合干燥过程中的质量守恒定律和能量守恒定律可以得到下列方程：

$$
\begin{cases}
\dfrac{\partial M}{\partial t} = \nabla^2 k_{11} M + \nabla^2 k_{12} T + \nabla^2 k_{13} P \\[2mm]
\dfrac{\partial T}{\partial t} = \nabla^2 k_{21} M + \nabla^2 k_{22} T + \nabla^2 k_{23} P \\[2mm]
\dfrac{\partial P}{\partial t} = \nabla^2 k_{31} M + \nabla^2 k_{32} T + \nabla^2 k_{33} P \\[2mm]
\nabla^2 = \dfrac{\partial^2}{\partial x^2} + \dfrac{\partial^2}{\partial y^2} + \dfrac{\partial^2}{\partial z^2}
\end{cases}
\tag{4.7}
$$

式中，∇^2 为拉普拉斯算子；M 为试样内部水分含量（kg/kg）；T 为试样温度（℃）；P 为试样内部全压（Pa）；k_{ij}（i=1,2,3；j=1,2,3）为唯象传递系数，代表不同传递机制的耦合作用，无量纲。

本书将 Luikov 理论应用于烘干失重法红外干燥过程的模拟，结合烘干失重法红外干燥过程的干燥条件对式（4.7）的应用条件作出两点说明：

（1）压力梯度导致的水分迁徙，使试样温度很高（远远超过烘干失重法水分测定的标准温度 105 ℃），而烘干失重法红外干燥属于恒温薄层干燥，红外干燥箱未采用人工加压的方式改变干燥介质的压力，并且干燥箱在硬件结构上预留有散热孔，与外部大气流通。鉴于此，对于烘干失重

---

① 李汴生, 刘伟涛, 李丹丹, 等. 糖渍加应子的热风干燥特性及其表达模型 [J]. 农业工程学报, 2009, 25(11): 330-335.

法水分检测，无须考虑压力梯度对水分逸失的耦合效应，可得唯象传递系数$k_{13}=0$，且

$$\frac{\partial P}{\partial t}=\nabla^2 k_{31}M+\nabla^2 k_{32}T+\nabla^2 k_{33}P=0 \qquad （4.8）$$

（2）水分测定仪的红外干燥箱体积较小，升温迅速，干燥箱内温度可以在很短时间内达到稳定，因此无须考虑温度梯度对水分逸失的耦合效应，即唯象传递系数$k_{12}=0$，且

$$\frac{\partial T}{\partial t}=\nabla^2 k_{21}M+\nabla^2 k_{22}T+\nabla^2 k_{23}P=0 \qquad （4.9）$$

于是，式（4.9）所示控制方程组可进一步简化为

$$\frac{\partial M}{\partial t}=\nabla^2 k_{11}M \qquad （4.10）$$

薄层干燥是指被干燥试样的每一部分都充分暴露在相同条件下，并且物料的厚度不超过 2 cm。薄层干燥是干燥理论与技术研究的基本形式之一，烘干失重法红外干燥过程满足薄层干燥的定义与条件，以食品水分测定的国家标准为例，在样品制备过程中要求对试样进行筛选、研磨，在放入称量瓶或试样盘时，试样厚度不超过 5 mm，如为疏松试样，厚度不超过 10 mm。

在降速干燥阶段，试样内部传质阻力远大于传热阻力，试样内部湿分的转移主要靠液态扩散与气态扩散，满足菲克扩散定律的应用条件，则式（4.10）中唯象传递系数k_{11}可以用水分有效扩散系数D_{eff}来表示，进而表示为

$$\frac{\partial \mathrm{MR}}{\partial t}=\nabla^2 D_{eff}M \qquad （4.11）$$

同时利用菲克扩散定律对式（4.11）在下列条件下进行修正：

（1）试样初始湿含量分布均匀且近似各向同性。

（2）湿分扩散方式为一维等温扩散。

（3）试样湿分迁移过程中无体积变化。

（4）在干燥过程中忽略外部阻力影响。

由此，式（4.11）可演化为描述烘干失重法内部水分扩散的控制方程。

$$\frac{\partial \mathrm{MR}}{\partial t} = \frac{\partial}{\partial z}(D_{\mathrm{eff}} \frac{\partial \mathrm{MR}}{\partial z}) \qquad (4.12)$$

依据干燥动力学定义，式（4.12）中 MR 为试样的水分比，表示为

$$\mathrm{MR} = \frac{M_t - M_\infty}{M_0 - M_\infty} \qquad (4.13)$$

式中，MR 为试样水分比，无量纲；z 为试样的厚度变量，取值范围为 $0 \leqslant z \leqslant \delta'$（m）；$t$ 为干燥时间（s）；D_{eff} 为固体试样中水分的有效扩散系数（m²/s）；M_t 为 t 时刻的水分含量；M_0 为试样的初始水分含量；M_∞ 为试样的平衡水分含量。同时，确定以下定解条件。

（1）当 $t=0$，$0 < z < \delta'$ 时，可以认为试样内部的水分含量初始是均匀的，即

$$M = M_0 \qquad (4.14)$$

（2）当 $t > 0$，$z = 0$ 时，即在试样的中心，不存在水分梯度，即

$$\frac{\partial MR}{\partial z} = 0 \ (t > 0) \qquad (4.15)$$

（3）当 $t > 0$，$z = \delta'$ 时，试样水分含量等于平衡水分含量，即

$$M = M_\infty \ (t > 0) \qquad (4.16)$$

对于式（4.12）所确立的模型及定解条件，应用傅立叶变换和变量分离的方法对式（4.12）求取解析解，其解析解适用于平板形、圆柱形和球形试样。

（1）平板（薄层）形试样：

$$MR = \frac{M_t - M_\infty}{M_0 - M_\infty} = \frac{8}{\pi^2} \sum_{n=0}^{\infty} \frac{1}{(2n+1)^2} \exp\left[-(2n+1)^2 \frac{\pi^2 D_{\mathrm{eff}} t}{4z^2}\right] \qquad (4.17)$$

（2）圆柱形试样：

$$MR = \frac{M_t - M_\infty}{M_0 - M_\infty} = \frac{4}{\pi^2} \sum_{n=0}^{\infty} \frac{1}{\lambda_n^2} \exp\left[-\frac{\lambda_n^2 D_{eff} t}{r^2}\right] \qquad (4.18)$$

式中，λ_n 为常数数列；r 为圆柱体的半径（m）。

（3）球体（颗粒）形试样：

$$MR = \frac{M_t - M_\infty}{M_0 - M_\infty} = \frac{6}{\pi^2} \sum_{n=0}^{\infty} \frac{1}{n^2} \exp\left[-n^2 \frac{\pi^2 D_{eff} t}{r^2}\right] \qquad (4.19)$$

式中，r 为球体的半径（m）。

式（4.17）～式（4.19）均为无穷级数展开，在干燥时间足够长的条件下，取 $n=0$ 的首项即可。对于烘干失重法水分测定过程，为使试样均匀且充分暴露在相同干燥环境中，烘干失重法采用薄层干燥，满足式平板（薄层）形试样的解析解约束条件，因此确定式（4.17）为描述烘干失重法红外干燥过程的数学模型，在工程上可取多项式的首项，以对其进行化简，得到描述试样红外干燥过程的理论模型。

$$MR = \frac{M_t - M_\infty}{M_0 - M_\infty} = \frac{8}{\pi^2} \exp(-\frac{\pi^2 D_{eff} t}{4z^2}) \qquad (4.20)$$

根据红外干燥动力学知识，由于烘干失重法是将试样烘干至恒重，以计算其水分含量，试样的平衡水分含量 M_∞ 很小，可以忽略。因此，对被测试样的水分比 MR 做如下简化：

$$MR = \frac{M_t - M_\infty}{M_0 - M_\infty} \approx \frac{M_t}{M_0} \qquad (4.21)$$

令 $\tau = \frac{\pi^2 D_{eff}}{4z^2}$，代入式（4.20），得

$$M_t = \frac{8M_0}{\pi^2} \exp(-\tau t) \qquad (4.22)$$

式中，M_t 为 t 时刻的水分含量；M_0 为初始水分含量；D_{eff} 为有效扩散系数

（m²/s）；z 为无限大平板厚度的一半（m）；τ 为干燥特性系数，其取值与被测试样降速干燥阶段的有效水分扩散系数 D_{eff} 紧密相关。

4.5　本章小结

　　本章首先从分析含水试样的干燥动力学和热力学性质入手，依据水分与试样的相互作用，对烘干失重法的被测对象实现干燥动力学分型，总结不同类型被测试样烘干失重法红外干燥过程的共性与特性，提出预估型烘干失重法水分测定的构想。

　　本章将预估型烘干失重法水分测定的理论分析与烘干失重法水分测定仪试验相结合，将烘干失重法水分测定的试验对象进行了干燥动力学分类，为研究和提取烘干失重法水分测定过程的可预估性特征奠定扎实的理论基础，提供了试验参考。

第 5 章　烘干失重法水分测定预估融合方法

烘干失重法水分测定仪是一种运用机械、材料、电子电路、信息处理等多学科知识制成的计量仪器，烘干失重法作为水分测定领域的标准方法，使得烘干失重法水分测定仪在国内外都有很大的市场前景。

根据海关统计数据，2020 年我国共从 54 个国家和地区进口衡器产品，累计进口总额 1.50 亿美元。衡器产品进口货源地主要是德国，进口总额 4 559 万美元，占全国衡器进口额的 30.49%；第二是瑞士，进口总额 2 624 万美元，占全国衡器进口额的 17.55%；第三是日本，进口总额 2 131 万美元，占全国衡器进口额的 14.25%。进口衡器产品主要收货地是上海（占 43.84%）、北京（占 15.37%）、江苏（占 13.34%）。

特别是高精度水分测定仪都是从瑞士、德国和日本进口的，这对我国高精尖仪器制造技术和社会的进步都提出了新的挑战。

5.1　现有烘干失重法水分测定仪的应用局限性

从烘干失重法水分测定仪的技术研发角度来看，国外烘干失重法水分测定仪的智能化设计已较成熟，计算机系统可以控制称重系统与红外干燥箱协同工作，大幅缩减操作步骤，提升检测效率。在加速烘干方面，引入卤素红外加热、微波加热及混合加热等方式提升检测效率；以赛多利斯公司的 MA160 型水分测定仪为例，该产品采用了先进的合金加热器，可完成膏体和固体物质的水分含量快速测定，在加热功率和热均匀性方面有显著提高，大大缩短了水分测定时间。

为继续保持技术领先地位，国外的高精尖水分计量技术几乎从未公开，相关理论研究资料甚少。在国内，作为烘干失重法水分测定的核心技术——将红外辐射加热技术、单片机技术与上皿式电子天平联机组成水分测定系统，自投产以来没有进行大的改进。烘干失重法水分测定仪的研发和创新需要将热力学、干燥动力学、电子电路设计和信息处理科学等方面的知识，国内针对烘干失重法核心技术与工艺的改进只能靠反复地摸索与尝试，在干燥箱温度控制及高精度质量计量方法等方面取得了一些成就，却受到烘干失重法检测原理的限制，使得现有烘干失重法水分测定仪的测量速度依然较慢，特别是水分含量较高，水分分布欠均匀的被测试样，如新鲜肉类，完成一次水分含量测定需要耗时 1 ～ 2 h，仪器的耗电量依然可观。

在烘干加速及测量步骤简化上，现有国外烘干失重法水分测定仪技术上已较成熟，测量速度难以提升。我国自主研究、生产的烘干失重法水分测定仪的整体技术水平较低，作为烘干失重法水分测定的核心技术——将红外辐射加热技术、单片机技术与上皿式电子天平联机组成水分测定系统，自投产以来没有进行大的改进。

烘干法水分测定仪作为水分测定领域的常用仪器，在国内外都有巨大的市场前景。截至 2020 年底，市售烘干法水分快速测定仪大多是利用改进热源以提升物质水分含量检测效率，而利用智能信息处理方法实现物质水分含量准确预估的烘干法水分快速测定仪尚未有报道。国内水分测定仪生产厂商迫切希望研制一款具有自主知识产权的预估型烘干法水分快速测定仪，以提升国产水分快速测定仪的市场竞争力。

5.2 传统烘干失重法的技术改进措施

烘干失重法作为物质水分测定的标准方法，因检测机理的局限，一般会存在检测时间长、耗能较大的缺陷，如何扬长避短改进传统的烘干失重法成了国内外学者的又一研究热点。

按照烘干失重法水分测定原理可以将烘干失重法水分测定仪的测试流程分为干燥箱温度控制和样品称重两个核心环节：干燥箱温度控制为样品的烘干过程提供平稳的高温环境；样品称重就是实时计算样品的质量值，实施水分预估，从而快速得出样品水分的准确含量。为了解决烘干失重法准确性和快速性之间的矛盾，国内外学者围绕上述两个核心环节对传统烘干失重法水分测定仪进行改进。

5.2.1 仪器衡量装置的改进

烘干失重法水分测定仪的设计原理是将恒温干燥箱与精密衡量装置（电子天平）有机结合在一起，干燥箱的热量必然会影响到称重传感器的工作状态，这种影响主要表现为载荷不变的情况下称量结果发生缓慢变化，引起试样质量称量误差。因此，高温条件下质量的准确称量技术研究成为提升烘干失重法水分测定仪检测效率的重要课题。国内外学者设计并实现了电子天平的各种自动补偿技术和自动校正技术，主要成果包括称重传感器的非线性补偿技术、电子天平温漂和时漂自动补偿技术、零点自动跟踪技术和重力加速度变化的自动补偿技术等。

目前应用于烘干失重法水分测定仪的称重传感器主要有电阻应变片式称重传感器和电磁力平衡式称重传感器。

电阻应变片式称重传感器在称量过程中受到弹性体本身性能和惠斯通电桥等影响，传感器的输入和输出会呈现出明显的非线性，造成称量非线性误差，直接利用补偿电阻改变电桥电压的硬件补偿方法可达到传感器非线性补偿的目的，然而电路设计复杂，补偿效果欠佳；软件补偿方法由于结构灵活，更易于单片机系统的实现。软件补偿方法的一般原理如图5.1 所示。

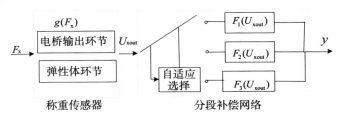

图 5.1　称重传感器非线性误差自适应补偿原理

在图 5.1 中，F_x 为称重载荷；U_{xout} 为称重传感器的输出；y 为补偿网络的输出。由于电阻应变片式称重传感器的非线性误差与载荷有关，可以将称重传感器的额定量程分为三个区域：上限区、中间区和下限区。当称重载荷 F_x 位于额定量程的上限区和下限区时，受到噪声和干扰信号的影响，传感器非线性误差较大，而在中间区时，线性度较好，误差较小。可以通过阈值设定来判断载荷所处的范围，进而对不同限区的非线性误差进行补偿。目前较为有效的软件补偿方法为多项式插值法、查表法和神经网络法等。

电磁力平衡式称重传感器的非线性误差来源于载流动圈在磁路结构中形成附加磁场，此类非线性误差通常采用分段线性插值、多项式最小二乘拟合、自适应分段最佳直线拟合等算法进行校正。此外，由环境温度变化或闭环系统内部发热致使传感器中关键部件（横梁、磁钢、簧片等）及电子元器件的温度特性参数发生变化引起的称重系统示值温度漂移，一般通过热敏元件、测温电路或软件补偿算法进行修正。

5.2.2　仪器恒温干燥箱加热效率的提高

参照烘干失重法水分测定原理，仪器恒温干燥箱的工作温度主要为

105 ℃ 和 130 ℃，温度过低会延长样品水分逸失时间，温度过高会使被测样品炭化，影响水分测定准确度。国内外学者对于烘干失重法水分测定仪恒温干燥箱热源效率的改进，主要集中在加热方式选择和控制方法设计两个方面。

1. 干燥箱加热单元选择

随着水分测定精度要求的提高，在加热单元的选择方面，由最初的电阻丝加热发展为红外辐射加热、微波加热及混合加热。红外辐射加热是将电能或热能（煤气、蒸气、燃气等）转变成红外辐射能，实现高效加热和干燥。从供热方式上分为直热式和旁热式红外辐射加热。直热式红外辐射加热是指电热辐射元件既是发热元件又是热辐射体，如有机碳棒式红外加热器，代表产品如日本 KETT 公司生产的 FD-660 型水分测定仪。旁热式红外辐射加热是指由外部供热给辐射体而产生红外辐射，其能源可借助电、煤气、蒸气和燃气等，如乳白石英灯加热器、卤素灯、陶瓷红外辐射加热器等。

微波加热方式属于介电加热，微波能量透入物质内部，与物质的极性分子或非极性分子相互作用，转化为热能，使物质由内而外获得热量，从而升温；普通加热方法（对流、传导和辐射）水分逸失所需要的热量是由外表面向内传递的。在通过微波加热实现物质水分含量测定过程中，试样的质量、密度、微波炉的功率以及介电特性都会直接影响测量结果，特别是对于热敏性高的物质，微波加热干燥存在试样炭化、爆裂现象。此法更适宜于矿石、土壤等热敏感性较低的被测试样。

2. 干燥箱控制方法的设计

烘干失重法水分测定仪恒温干燥箱温控的准确性与稳定性是影响水分测定仪检测效率与测试性能的重要指标，恒温干燥箱的温度的精准控制一直是烘干失重法水分测定仪研制过程的设计重点。由于红外干燥箱体积小、结构复杂，控温精度要求较高，其温度控制的准确性和稳定性是检验温度控制算法优劣的重要指标。

张凯旋等学者针对水分测定仪红外干燥箱的控制特点设计了一种基于规则的仿人智能控制算法，灵活运用多模态决策以满足红外干燥箱升温迅速、超调量小、稳态精度高的控制需求。林海军等学者提出一种复合模糊控制方法，对实测温度和设定温度之间的偏差设定阈值，用以判定采用全功率或半功率加热。当温度偏差较小时，采用双模糊控制算法，有效减小温度超调量，加快响应时间。刘燕等学者将时间最优控制与经典 PID 控制相结合，当实测温度与目标温度偏差较大时，利用时间最优控制提高温控系统的快速响应能力，当实测温度接近目标温度时，利用 PID 控制保证温度控制的精确性。

5.3　烘干失重法水分含量预估的可行性

为实现水分含量预估的设想，本书利用水分快速测定仪，对多种具有代表性的样品做了大量的水分含量测定试验，并记录下了各种样品的烘干失水曲线。

通过对所得试验数据进行分析发现，在测量过程连续的前提下，试样的烘干失重法红外干燥过程与干燥动力学中经典的烘干失水曲线吻合。经典的烘干失水曲线如图 5.2 所示，烘干过程大致可以划分为三个阶段：AB 段为加速烘干阶段，即被测样品预热阶段耗时极短，试样水分加速逸失（失水曲线的二阶导数小于 0）；BC 段称为恒速烘干阶段，此阶段烘干速度基本保持恒定（失水曲线的二阶导数等于 0）；CD 段为降速烘干阶段，烘干速度随样品中的水分含量减少而降低（失水曲线的二阶导数大于 0），这个阶段耗时长，试样水分减速逸失。本书定义由恒速干燥阶段到降速干燥阶段的转折点 C 为烘干失水曲线的拐点。

依据干燥动力学理论的三段式红外干燥失水曲线对多孔介质样品的热干燥具有通用性。但对特殊样品，如颗粒特别细小的粉末状试样，其加速烘干阶段可能很短。杨玲分别对甘蓝型油菜籽的红外干燥过程进行了研究，验证了烘干失水曲线中无明显的加速烘干阶段的结论[1]；而对粗大且导湿性差的样品，当样品表面水分散发强度较高时，可能没有恒速烘干阶段；但是几乎所有被干燥试样均有降速烘干阶段，并且水分的散失主要发生于降速干燥阶段，最终试样的烘干失水曲线逐渐趋近于一个恒定值。

利用上述规律，若能在 CD 段提前预估出被测样品的水分含量，即可大大提高烘干失重法水分测定速度。但是不同被测样品对应的烘干失重曲线不同，而且样品分布的不均匀性及测量过程中存在干扰，实际的烘干曲线不可能完全与理想烘干曲线吻合。在保证水分测量精度的前提下，要在 CD 段预估出被测样品的最终水分含量，就必须保证预估算法的自适应性和稳健性，这是实现水分快速测定的关键。

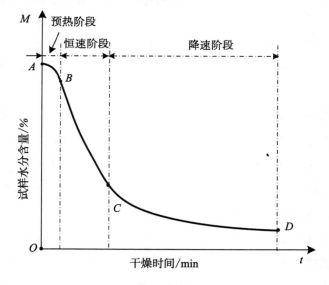

图 5.2　经典烘干失重失水曲线

---

① 杨玲.甘蓝型油菜籽热风干燥传热传质研究 [D].重庆：西南大学,2012.

5.4　智能信息处理方法在烘干失重法水分预估的应用

将红外干燥箱与上皿式电子天平相结合，大大简化了传统烘干失重法不断加热、冷却、称量直至恒重的操作过程，即使采用红外加热或微波加热等先进的加热方式，物质的红外干燥过程依然遵循干燥动力学"三段式"的干燥进程，特别是初始水分含量较高的胶体多孔介质（新鲜肉类、皮革原料、城市生活污泥等），其干燥失水过程极为漫长，完成一次水分测定依然需要 1 ～ 2 h。

若能够对被测试样的烘干失重过程建立可靠的数学模型，利用智能信息处理方法，在物质未达到完全烘干状态时准确估计出试样的水分含量，可大幅缩短测定时间。鉴于此，本书将对现有干燥过程水分含量预估融合方法进行总结和归纳。

5.4.1　基于干燥数学模型拟合的预估融合方法

红外干燥数学模型按推导方法不同，可分为理论模型、半经验模型和经验模型。近年来，干燥理论的不断发展与完善，除了理论模型之外，一些经验或者半经验的模型被广泛地用于干燥过程的模拟与计算。理论干燥模型注重内部因素对物料红外干燥过程的影响，包括湿度梯度、压力梯度和温度梯度，而经验和半经验干燥模型则更注重外部干燥条件（烘干温度、试样粒径、厚度、辐射距离等），本书对常用的经验与半经验红外干燥模型进行归纳，结果如表 5.1 所示。

王相友等利用红外辐射干燥试验装置对胡萝卜切片红外干燥特性进行了研究，通过在不同条件进行干燥试验，得到胡萝卜切片干燥特性曲线，通过对三种经典半经验干燥模型进行拟合对比，表明 Page 模型能较好地描述胡萝卜切片的干燥过程且便于计算和建模[①]。林喜娜等对苹果切片红外干燥特性及干燥品质做了深入研究，探讨了辐射功率、辐射距离、试样温度和厚度对干燥速率的影响，利用 15 种经典的经验模型对苹果切片的干燥过程进行了描述，通过选优确定了 Modified Page Ⅱ 模型为描述苹果切片红外干燥过程的最佳模型，并以此为依据对干燥过程的供热方案和干燥周期进行优化设计[②]。

表 5.1　经典的干燥数学模型

序　号	模型名称	表达式	参数个数
1	Logistic	$MR = \dfrac{a_0}{1 + a\exp(kt)}$	3
2	Logarithmic	$MR = a\exp(-kt) + c$	3
3	Two-term	$MR = a\exp(-kt) + b\exp(-gt)$	4
4	Two term exponential	$MR = a\exp(-kt) + (1-a)\exp(-kat)$	2
5	Wang and singh	$MR = 1 + at + bt^2$	2

注：其中 a_0、a、b、c、g、k 均为模型参数；MR 为试样水分比 $MR = M_t/M_0$（无量纲）。

① 王相友，张海鹏，张丽丽，等 . 胡萝卜切片红外干燥特性与数学模型 [J]. 农业机械学报 ,2013,44(10): 198-202.
② 林喜娜，王相友 . 苹果切片红外辐射干燥模型建立与评价 [J]. 农业机械学报 ,2010(6):128-132.

从研究对象来看，红外干燥经验模型的建立大多是针对某一特定水分含量农产品红外干燥过程，干燥的目的是使物料水分含量降低到安全储存范围，延长物料储存时间；从试样的制备过程来看，无须对物料进行粉碎处理；从模型参数来看，大部分的经验与半经验干燥模型的参数与实际干燥条件无明确的数学关系，属于无量纲参数；从模型的考察方式来看，现有的模型考察方式主要是通过拟合效率、标准误差和卡方值等统计学参量评价模型的拟合优度，而忽略了干燥模型与失水速度与失水加速度的关联性。虽然现有红外干燥模型的广泛应用对干燥动力学的发展做出了巨大的贡献，但归根到底这些模型还是黑箱模型，干燥模型的模拟过程更注重对单一物料干燥特性曲线的拟合和验证。

烘干失重法作为大多数固体物质水分测定的标准方法，其被测试样种类多是其最大的优势，也是实现烘干失重过程水分预估最大的难点。因此，有必要从红外干燥过程传质传热的机理研究出发，从干燥理论的角度分析不同试样的红外干燥过程，在提取共性的同时兼顾不同试样烘干失水过程的特性，建立数学模型，设计预估方法。

综上所述，将干燥动力学理论与烘干失重法相结合共同应用于新型水分测定仪的研制必然能够给烘干失重法水分快速检测技术的研究奠定扎实的理论基础，同时为传统干燥理论的应用开辟新的领域。

5.4.2　基于人工神经网络的干燥过程水分含量预估

近年来，人工神经网络在物质干燥过程水分含量检测方面得到了蓬勃发展。基于神经网络的水分含量检测与预估主要涉及网络构建、样本选择和学习算法确定三个步骤。BP 神经网络是通过信号正向传播和误差反向传播对 BP 神经网络的黑盒模型进行训练的，其中在反向传播过程中采用梯度下降法调整权重值，进而优化网络输出。图 5.3 是 BP 网络结构拓扑图，作为有监督学习算例，目的在于训练出最优输入—输出黑盒函数，通过内部自适应学习与调整，将误差极小化。

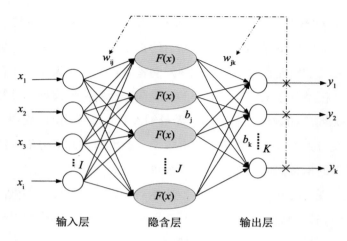

图 5.3 BP 神经网络结构拓扑图

神经网络在连续变量预测任务中的一般方法包括以下几个步骤：

（1）数据准备：先要准备用于训练和评估模型的数据集。这些数据通常包括输入特征和对应的目标变量。确保数据集进行了适当的预处理，如特征缩放、标准化或者归一化，以便提高训练效果。

（2）网络架构设计：选择适当的神经网络模型架构。对于连续变量预测，常用的模型包括多层感知机（MLP）、卷积神经网络（CNN）和循环神经网络（RNN）。根据问题的复杂程度和数据的特点，选择合适的网络架构。

（3）网络训练：使用准备好的数据集对神经网络进行训练。训练过程中，通过将输入数据传递给网络并计算输出，然后将输出与目标变量进行比较，计算损失（误差）。常用的损失函数包括均方误差（MSE）和平均绝对误差（MAE）。使用优化算法（如梯度下降）来更新网络的权重和偏置，以最小化损失函数。

（4）模型评估：使用独立的测试数据集对训练好的模型进行评估。评估指标通常包括均方根误差（RMSE）、平均绝对误差（MAE）和决定系数（R^2）等。这些指标可以帮助评估模型的性能和泛化能力。

（5）模型优化：根据评估结果，对模型进行优化。可以尝试调整网络架构的超参数（如隐藏层的大小、激活函数的选择）或者尝试采用不同的训练策略（如批量大小、学习率的调整）来改进模型性能。

（6）预测：使用经过训练和优化的模型进行新数据的预测。将新的输入数据输入到模型中，通过前向传播计算输出值，即为模型对连续变量的预测结果。

这些步骤通常是迭代进行的，通过多次训练、评估和优化来提高模型的性能。此外，还可以采用一些常用的技巧，如正则化、批标准化、dropout 等来帮助提高模型的泛化能力和防止过拟合。另一方面，神经网络在预测任务中具有以下特点：

（1）非线性建模能力：神经网络可以对非线性关系进行建模，因此适用于具有复杂关系的预测问题。通过多层神经元的组合和激活函数的非线性变换，神经网络可以反映输入和输出之间的非线性映射关系，从而更准确地进行预测。

（2）自适应性和泛化能力：神经网络通过训练来自适应地调整网络的权重和偏置，以使预测误差最小化。神经网络对新的、未见过的数据具有较好的泛化能力，可以适应不同的预测任务和数据分布。

（3）处理大规模数据：神经网络具有处理大规模数据的能力。通过并行计算和优化的计算库，神经网络可以高效地处理大量数据，从而加速训练和预测过程，能使神经网络在大数据环境下处理复杂的预测任务。

（4）特征学习：神经网络具有特征学习和特征表示的能力。通过多层网络的堆叠，神经网络可以逐渐学习到更高级别的特征表示，从而更好地捕捉数据中的相关模式和结构。这种特征学习的能力使神经网络能够从原始数据中提取有用的特征，并用于预测任务。

（5）端到端学习：神经网络可以进行端到端学习，即从原始输入数据直接学习到最终的预测结果，而无须手动设计和选择特征。这种端到端学习的方式可以减少特征工程的工作量，更好地利用数据中的信息。

（6）多任务学习：神经网络可以同时学习多个相关任务，从而提高预测性能。通过共享网络层和参数，神经网络可以在多个任务之间共享特征表示，从而更好地利用数据和模型的容量。

需要注意的是，神经网络并不适用于所有预测任务。在某些情况下，简单的线性模型或传统的统计方法可能更为合适。此外，神经网络的训练过程相对复杂，需要大量的数据和计算资源来达到较好的性能。同时，神经网络的黑盒性质也使得解释和理解预测结果的过程相对困难。在应用神经网络进行预测时，需要综合考虑问题的特点、数据的质量和可用的资源，选择合适的模型和方法。朱文学等针对热风干燥制作牡丹压花时含水率不便实时测定的问题，利用 BP 神经网络建立了牡丹花湿基水分含量的预测系统，系统包括五个输入量：分别为干燥时间、热风温度、风速、牡丹花初始质量和压花板孔密度。一个输出量为牡丹花试样的湿基水分含量[1]。经试验选择隐层神经元个数为 25，系统结构如图 5.4 所示。

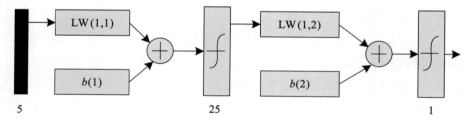

图 5.4　牡丹花水分含量预测神经网络

由于人工神经网络是由非线性网络组成的，算法具有较高的准确性和灵活性，并且对于采样点数没有严格的限制，适用于某些复杂问题的求解。

---

[1] 朱文学,孙淑红,陈鹏涛,等. 基于 BP 神经网络的牡丹花热风干燥含水率预测模型 [J]. 农业机械学报, 2011 (8): 128-130, 137.

5.4.3　基于支持向量机的干燥过程水分含量预估

由统计学习理论发展而来的支持向量回归（support vector Regression, SVR）是一种基于结构风险最小化原理的机器学习算法，相比于神经网络学习算法具有更好的泛化能力。作为一种监督学习算法，SVR 与经典支持向量机不同，其一般原理是拟合一个函数，使得预测值与真实值之间的误差尽可能小，并且控制预测函数与真实值之间的边界。

具体来说，给定一个训练数据集，其中包含带有目标变量的数据样本，SVR 通过选择一个最优的回归函数来进行预测。回归函数通常是一个超平面，其中目标变量是连续数值型的。SVR 的目标是找到一个预测函数，使得预测值与真实值之间的误差尽可能小，并且控制预测函数与真实值之间的边界。边界的控制可以通过设置容忍度范围来实现，即允许一定程度的误差。SVR 在解决连续变量预测问题中的性能和适用性取决于数据集的特征、问题的复杂度，以及参数的选择等因素。在应用 SVR 时，合理选择核函数和调整超参数是关键，以获得较好的预测性能。

支持向量回归是一种用于解决连续变量的预测问题的监督学习算法。下面是一般的 SVR 步骤：

数据准备：收集包含输入特征和目标变量（连续数值型）的训练数据集。

（1）特征标准化：对输入特征进行标准化处理，使得不同特征具有相同的尺度，如使用均值归一化或标准化等方法。

（2）模型构建：选择合适的核函数和超参数，构建 SVR 模型。常用的核函数包括线性核、多项式核和径向基函数（RBF）核。

（3）模型训练：使用训练数据集对 SVR 模型进行训练。在训练过程中，SVR 会优化损失函数，以找到最优的超平面或回归函数，使得预测值与真实值之间的误差尽可能小。

（4）模型预测：使用训练好的 SVR 模型对新的未见过的数据样本进

行预测，得到连续数值型的预测结果。

在实际应用过程中，支持向量机算法训练时间长、复杂度较高，特别是在大规模数据集上。此外，算法对于参数选择具有较强的敏感性，特别是对于核函数和超参数的选择需要进行耗时的参数调优。

5.4.4　基于最小二乘法的干燥过程水分含量预估

在物质的烘干失水过程中，通过设定等采样间隔 Δt，可以将物质的水分含量与对应烘干时间组成的数据序列表示为下述形式，即 (t_i, M_i)，其中 $i = 1, 2, 3, \cdots, n$，

$$(t_1, M_1), (t_2, M_2), (t_3, M_3), \ldots, (t_n, M_n)$$

为了得到物质水分含量 M 与烘干时间之间的函数 $M = f(t)$，可以采用一组简单合适的、线性无关的基函数来逼近观测数据，有效获得最小平方误差最小的拟合函数 $f(x)$。其中，最小二乘法是解决此类问题的最常用方法。该方法是利用误差的平方和最小得到一个线性方程组，再利用线性方程组的求解方法获得拟合曲线。以预测技术中常用的生长曲线模型为数学模型，描述和模拟物质干燥过程中水分含量的变化规律，其数学表达式为

$$y = \frac{1}{K + ab^t} \tag{5.1}$$

式中，y 随 t 变化而呈三阶段变化，K、a、b 为待定三参数。

基于最小二乘法（least squares method, LSM）的水分含量预估方法算法结构简单，充分考虑到了算法在嵌入式系统中实现的可行性，但是在干燥模型的建立方面仍存在欠缺。首先，缺乏针对固体物质干燥本质与机理的分析与研究，模型的通用性和理论依据并未提及。其次，在算法的设计过程中，依据干燥模型的数学形式，以上参考方法均采用取自然对数的形式将非线性问题转化为线性问题进行求解，在计算过程中融合系数的求解

都需要计算自然对数因子，容易造成计算误差的累积，直接影响最终水分含量预估值的准确度。

5.4.5　基于机器视觉技术干燥过程水分含量预估

机器视觉是指计算机对三维空间的感知，包括捕获、分析和识别等过程，它是计算机科学、光学、自动化技术、模式识别和人工智能技术等多种技术的综合运用，具有检测速度快、精度高、重复性好的特点。将机器视觉技术应用于物质物理、化学特性的检测中，检测系统一般由以下六个模块构成，包括被测试样、光路系统、图像摄取、数字化存储、处理与解释、决策与输出，如图 5.5 所示。

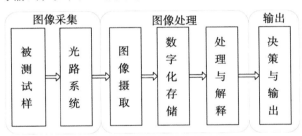

图 5.5　机器视觉检测系统结构图

光路系统单元包括光源和摄像头，照明成像并得到反射光的有用信息；图像摄取单元包括图像传感器完成光—电信号的转换；数字化存储单元主要是指利用图像采集卡完成模数转换；处理与解释单元通过数字化处理，根据像素分布和亮度、颜色等信息，进行试样尺寸、形状、颜色、生物特性等判别，最终输出判别决策结果。上述系统可以细化为以下步骤。

（1）数据预处理：对采集的图像进行预处理，以提高后续处理的效果。预处理步骤可能包括图像去噪、灰度化、图像增强等。

（2）特征提取：从预处理后的图像中提取与水分含量相关的特征。这些特征可能包括纹理特征、颜色特征、形状特征等。常用的特征提取方法包括局部二值模式（Local Binary Patterns, LBP）、灰度共生矩阵（Gray

−Level Co−occurrence Matrix, GLCM）等。

（3）建立模型：选择合适的机器学习或深度学习模型来建立物质水分含量与提取的特征之间的关系。可能的选择包括支持向量机（Support Vector Machine, SVM）、随机森林（random forest）、卷积神经网络（Convolutional Neural Network, CNN）等。

（4）模型训练：使用预处理后的图像和对应的水分含量标签，对模型进行训练。训练过程中，模型会学习特征与水分含量之间的关联。

（5）模型评估：使用预留的测试数据集对训练好的模型进行评估。评估指标可以是均方根误差（Root Mean Square Error, RMSE）或相关系数等。

（6）水分含量检测：对新的未见过的图像样本应用训练好的模型，预测其水分含量。通过提取图像的特征，并将其输入训练好的模型，得到预测的水分含量结果。

（7）结果分析：分析预测结果，评估模型的性能，并根据需要进行进一步的优化和改进。

甘露萍利用机器视觉技术将烤烟过程中湿烟叶叶片样本中与含水量相关性大的表象特征检测提取出来，实现特征提取的无损化和处理的快速化，用 Elman 神经网络科学建立具有一定精度的烟叶含水量非线性评判体系模型，通过模型预测叶片实际含水量[1]。梁高震等以工夫红茶萎凋在制品为研究对象，基于机器视觉技术获取萎凋叶图像的色泽和纹理特征信息，分析图像特征变量与水分的关联[2]；采用偏最小二乘法（PLS）、极限学习机和支持向量机回归方法，建立萎凋叶水分定量预测模型，最终预测集绝对误差均小于 0.05，相对标准偏差值为 6.626 4。

尽管机器视觉技术作为一种无损水分含量测定与预测方法具有诸多

---

[1] 甘露萍.基于机器视觉技术的鲜烟叶含水量模型研究 [D]. 重庆：西南大学,2009.

[2] 梁高震,胡斌,董春旺,等.基于机器视觉的工夫红茶萎凋叶水分检测 [J]. 石河子大学学报：自然科学版,2019,37 (1): 79-86.

优点，但在实际应用中也需要注意以下几个方面：

（1）数据完备性：机器视觉算法通常需要大量的标记数据进行训练，以建立准确的预测模型。水分含量的预测，需要获取大量具有准确水分含量标签的样本图像，这可能会涉及昂贵的实验室测试或专业设备。

机器视觉算法的预测性能高度依赖于训练数据的多样性。如果训练数据不足或者样本的水分含量范围有限，预测模型可能无法准确地处理未见过的水分含量范围或不同物质的变化。

（2）对环境和光照条件敏感：机器视觉算法对光照条件和环境变化的敏感性较高。光照强度、角度和颜色温度的变化可能会对图像质量和特征提取造成影响，从而影响水分含量的预测结果。

（3）特征提取的挑战：提取与水分含量相关的有效特征是关键步骤。然而，对于某些物质或场景，找到与水分含量直接相关的特征可能具有挑战性。特征选择的准确性和鲁棒性可能对预测性能产生重要影响。

（4）模型的泛化能力：机器视觉模型在处理未见过的数据时的泛化能力是一个重要问题。如果训练数据与实际应用场景存在较大差异，模型可能无法准确地预测水分含量。

（5）难以处理复杂的物质变化：某些物质的水分含量与其他因素（如温度、压力等）之间存在复杂的非线性关系。在这种情况下，仅仅使用机器视觉算法可能无法充分捕捉到这些复杂关系，导致预测结果的不准确性。

5.4.6　基于近红外高光谱成像技术的干燥过程水分含量预估

近红外高光谱成像技术是近年来发展迅速的一门新兴技术，集光谱与图像融合的优势，能同时提取样本多组分信息，具有无损、无污染、检测速度快的优点。图 5.6 为高光谱检测系统的结构示意，利用该系统完成物质水分测定主要包括以下几个步骤：

（1）数据获取：高光谱成像系统通过使用特殊的传感器和光学元件

来获取高光谱数据。该系统可以在可见光和近红外等波长范围内捕捉大量的连续光谱信息。通过扫描或拍摄目标区域，可以获取高光谱图像。

（2）数据预处理：获取的高光谱图像可能包含噪声、大气干扰等不必要的信息。因此，在进行进一步分析之前，需要对数据进行预处理，可能包括去噪、大气校正、辐射校准等步骤，以提高数据质量和准确性。

（3）特征提取：在预测之前，需要从高光谱数据中提取有用的特征。这可以通过应用统计学、数学模型和机器学习算法来实现。常见的特征提取方法包括主成分分析（PCA）、线性判别分析（LDA）、小波变换等。

（4）建模和预测：在提取特征后，可以使用各种建模和预测方法来分析高光谱数据。这可能包括传统的统计方法（如回归分析、分类器）或更先进的机器学习算法（如支持向量机、深度学习）。通过训练模型并对新数据进行预测，可以实现对目标属性或特征的预测。

相比于传统的彩色或灰度成像系统，高光谱成像系统提供了更多的光谱信息。它可以获取不同波段的光谱数据，从而提供更详细的物体特征和组分信息。高光谱成像系统可以在远距离进行数据获取，无需物理接触目标物体，并且具备较高的空间分辨率，可以提供细节丰富的图像。

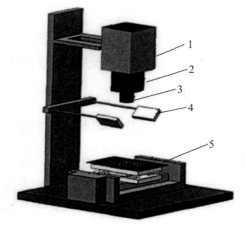

1—相机；2—光谱仪；3—棱镜；4—光源；5—位移平台。

图 5.6　高光谱成像系统结构示意

　　然而，高光谱成像技术检测物质水分含量的准确性极易受到环境因素的影响，如光照条件、物质的表面形态、其他干扰因素等。因此，在实际应用中，需要利用标准仪器进行校正和标定，以提高水分含量检测的准确性和可靠性。陈李品等高光谱成像技术，结合化学计量学，检测牡蛎干制加工过程中水分含量的方法，建立了回归预测模型[①]。在 400～1 000 nm 的光谱区域中，采集到五个干燥阶段牡蛎样本的高光谱图像。通过提取所有样本感兴趣区域的平均光谱数据并进行多元散射校正（MSC）、卷积平滑（S–G）预处理，建立基于所提取的特征波长的多元线形回归（MLR）和 BP 神经网络模型，在牡蛎干制过程水分含量变化的预测方面取得了良好的效果。

5.5　本章小结

　　利用人工神经网络预测物质干燥过程中水分含量的变化具有较高的准确度和较好的鲁棒性，但也存在一些不足。由于神经网络检测方法的训练过程具有不确定性，不依赖于严格的数学模型，因此在应用之前一般需要进行大量的训练和试验，特别是当神经元的个数较多时，系统计算量将大幅增加。目前广泛应用于水分预估的 BP 学习算法，在算法设计过程中易陷入局部最优值，从而影响算法的收敛速度，使得测量的实时性和准确度受到影响，训练时间明显增加。同时，将人工神经网络移植到嵌入式系统的过程中，网络结构的复杂程度将直接影响硬件电路实现的难易程度。

　　基于支持向量机的水分含量预测方法可以处理小样本，但其不足在于建立支持向量机模型时，输入变量的选择需要干燥过程、干燥特性的先验知识或根据经验进行选择，而作为大多数固体物质水分测定的标准方

① 陈李品，于繁千惠，陶然，等.基于高光谱成像技术预测牡蛎干制加工过程中的水分含量 [J].中国食品学报，2020 (7): 261-268.

法——烘干失重法的被测试样种类繁多，性质各异，这无疑给基于支持向量机的水分预估方法建模过程带来了巨大的挑战，使得算法结构较为复杂，对处理器的运算能力要求高，不适于嵌入式系统的实现，难以满足预估型烘干法水分快速测定仪的设计需求。

利用机器视觉技术或近红外高光谱成像技术进行物质干燥过程水分含量变化规律的预测已经取得了显著的研究成果，然而这些先进技术的应用都需要大量硬件设备的支持，如图像传感器、数据采集卡、高光谱成像系统等，使得这些水分含量预测技术更适合在实验室应用，而与烘干失重法水分测定仪的便携式、低成本的设计需求相去甚远。

第6章 烘干失重法水分测定仪设计实践

烘干失重法水分测定仪的工作流程按照烘干失重法水分测定原理设计，其水分测定过程主要分为红外干燥箱温度控制和试样称重两个环节：红外干燥箱温度精准控制为样品的烘干过程提供稳定的高温环境；试样质量的实时、精确测量为预估融合算法实现提供有力保障，从而快速得出试样水分的准确含量。本章从仪器设计实践的角度给出烘干失重法水分测定仪的设计实例，以期为相关行业研究人员提供参考。

6.1 系统构成与技术指标

烘干失重法水分测定仪外观与系统结构示意如图6.1所示。本书所涉仪器设计实例采用 MCU+DSP（Micro Controller Unit + Digital Signal Processor）的系统构架，该构架具有以下几个主要优点：

（1）多功能性：MCU 和 DSP 的结合使系统具备了多功能性。MCU 通常用于控制和管理系统的整体操作，而 DSP 则专注于高速数字信号处理。通过结合使用这两种处理器，系统可以同时实现控制和信号处理功能，满足不同应用的要求。

（2）实时性：DSP 通常具有高性能和高速处理能力，能够处理实时信号。当系统需要对实时信号进行高速处理和响应时，DSP 的强大计算能力可以满足这一需求。MCU 负责协调和管理系统的实时操作，确保系统具有良好的实时性能。

（3）高效能耗比：MCU 通常具有低功耗特性，适于处理低功耗任务和控制操作；而 DSP 则专注于高性能的数字信号处理，具有较高的计算效率。将两者结合在一起，可以实现高效能耗比，既满足实时处理需求，又降低功耗。

（4）灵活性和可扩展性：MCU 通常具有丰富的外设接口和 GPIO 引脚，可以与其他外部设备和传感器进行连接。这使得 MCU+DSP 系统具有良好的灵活性和可扩展性，可以与各种外部设备进行通信和交互，适应不同应用的需求。

（5）成本效益：MCU 和 DSP 通常是单芯片或单模块的解决方案，将两者结合在一起可以减少硬件成本和占用空间。同时，通过共享一些资源和接口，可以降低开发和维护成本。

图 6.1(b) 所示系统由四个核心单元组成，包括管理单元、运算单元、数据处理和交互外设。以实现数据传输和处理，及试样水分含量实时融合计算；称重子系统实现对试样质量的精确测量；干燥箱子系统实现对温度的检测与控制；管理子系统实现人机交互界面及外设相关功能，包括打印、人机交互、电源、存储及报警与时钟等功能。四个子系统相互协作，完成试样水分的精确测定。

6.1.1　管理单元

管理单元主要负责人机间的交互操作，用户通过按键设置不同测量需求，设置需求主要包括烘干温度、烘干时间与烘干停止条件。存储模块采用外扩 SDRAM 作为数据存储器，用于存储被测试样的实时水分含量、试样品类标定值、烘干时间、干燥条件，以及称重传感器的警戒阈值，防止过载等违规情况发生。掉电程序存储器采用并行 FLASH。根据实际应用需要，将设置 DSP 的内部 DARAM、外扩 SDRAM 的一部分或全部设置为程序或数据存储器。时钟模块芯片用以记录操作时间或烘干时间等。串口通信模块使用 USB 转串口连接方式，以满足程序更新与用户调试操作。水分测定过程结束后，系统可通过 RS-232 通信接口外接微型打印机，实现被测试样水分测定数据信息的打印输出。

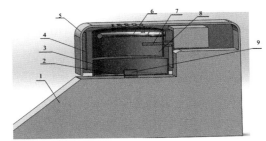

1—电子天平；2—支座；3—秤盘；4—防风罩；5—隔热外壳；
6—红外加热管；7—Pt 100 温度传感器；8—反射环；9—被测试样。

（a）

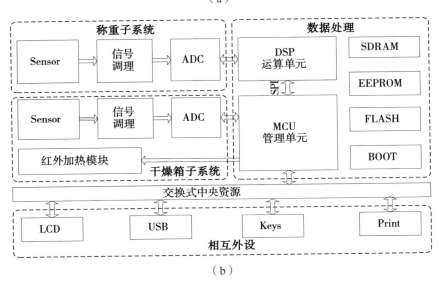

（b）

图 6.1　水分测定仪系统结构图

（a）烘干失重法水分测定仪外观示意；（b）系统结构图

115

6.1.2 运算处理单元

被测试样的质量信号经过数据采集单元预处理后送入数据处理单元进行数据运算，考虑到烘干失重法水分测定仪的技术升级，以及预估融合算法实时处理的运算量和便携式水分测定仪的设计功耗需求，系统选择MCU+DSP 的构架方式。DSP 芯片可完成预估算法所需的实时数据处理与运算。为了实现实时快速的数据传输与信息共享，DSP 与 MCU 之间采用 SPI 接口通信，一方面将质量信息与水分预估结果通过 SPI 接口传送给MCU 进行后期管理；另一方面 MCU 也可以通过 SPI 接口访问 DSP 的片内 RAM，以实现主控芯片与运算处理单元的信息交互。

6.1.3 称重子系统

称重传感器是水分测定仪称量装置的核心部件，它负责将被测物体的重量值转换成相应的电信号输出。A/D 转换芯片与称重传感器、信号调理电路、运算核心芯片等构成了具有固定分辨率的称重子系统。

6.1.4 干燥箱子系统

本实例中使用的额定工作电压为 220 V，功率为 400 W，辐射色温为1 600 K 的 Ω 型石英红外卤素灯作为加热元器件，工作时石英管表面温度可达 400 ℃。其结构组成如图 6.2（a）所示。温度检测模块使用型号为Pt100 的铂电阻传感器，其结构如图 6.2（b）所示。Pt100 负责对烘干箱内的中心温度进行采集，送入温度控制模块，通过控制 PWM 占空比调整开关管导通时间，对干燥箱内温度进行实时调整。其中温度控制模块采用模糊 PID 控制算法，实现对温度的精确控制。

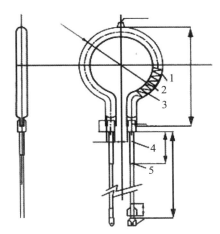

1—石英灯壁；2—螺旋状钨丝；3—灯基；4—焊接点；5—灯头(针状插脚)。

（ a ）

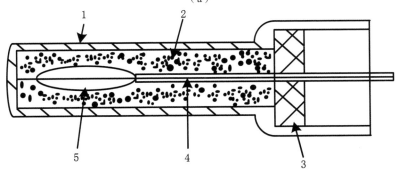

1—金属保护膜；2—氧化铝；3—密封胶；4—测量引线；5—铂电阻敏感材料。

（ b ）

图 6.2　红外干燥箱子系统核心器件结构示意

（ a ）Ω型红外卤素灯管结构示意；（ b ）温度传感器 Pt100结构示意

依据《烘干法水分测定仪》(JJG 658—2022)烘干法水分测定仪是基于烘干失重原理直接对试样表面分离物或水分进行计量的仪器。水分测定仪的检定分度值 e 和检定分度数 n，将水分测定仪分为两个等级，如表6.1所示。

表 6.1　烘干法水分测定仪准确度等级划分规则

准确度等级	检定分度值 e	检定分度数 n	
		最大	最小
特种准确度级	$e \leqslant 1\ mg$	不限制	1×10^4
高准确度级	$1\ mg < e \leqslant 50\ mg$	1×10^5	1×10^2
	$e \geqslant 0.1\ mg$	1×10^5	5×10^3

示值误差为卸载或加载载荷时的示值误差值。重复性误差是指对同一载荷进行多次称量的结果间的差值。设加载质量为 m，对应示值误差及重复性误差如表 6.2 所示。水分测定误差为显示水分含量与标准水分含量之间的差值，对于数字显示水分测定仪，水分的测定误差是质量为 5 g 的 5%±0.02% 的标准氯化钠溶液，温度为 105 ℃ 时，依据 1 mg/60 s 的失水率进行烘干后，测量值与标准值之间的差值应满足 ±0.5% 的变化范围。

表 6.2　烘干失重法水分测定仪示值误差与重复性误差指标

载荷范围 /g	示值误差	重复性误差
0～50	$\pm 0.5e$	$\pm 0.5e$
50～200	$\pm 1.0e$	$\pm 1.0e$
200～220	$\pm 1.5e$	$\pm 1.5e$

6.2　仪器的主要功能

烘干失重法水分测定仪的功能设计采用分层设计思想，将水分测定仪的各个功能模块按照基础层功能、通用功能和应用层功能进行划分，功能结构如图 6.3 所示。在保证产品设计的新颖性同时充分考虑到用户的需求。

图 6.3　烘干失重法水分测定仪系统功能

6.2.1　基础层功能

烘干失重法水分测定仪的基础功能主要包括底层硬件的驱动和人机接口的管理等，包括用户输入用的键盘驱动，与 DSP 通信用的 SPI 接口设置，与 PC、微型打印机通信用的串口，数据接收和上传过程中的 DMA 以及仪器的信息与软件版本等。

6.2.2　通用功能

目前，市售水分快速测定仪很多功能具有通用性，即具有大部分以嵌入式系统为基础的仪器开发都具有的功能，主要包括电源管理、数据存储、载荷检测、数据采集与 PC 通信等。这部分功能主要是利用底层驱动实现的，这些功能的设计为应用层功能的实现做好铺垫，同时增强了仪器软件设计的可移植性。

1. 载荷检测

过载情况为当载荷达到最大称量值时，并超过最大值的过度范围；欠载情况为当称重质量小于设定最小质量情况，系统液晶显示"过载"或"欠载"字样，蜂鸣器发出报警声音。待用户手动改变载荷重量后，报警自动解除。

2. 舱门检测

干燥箱启动加热模式之前会利用光电开关对舱门状态进行自检，若干燥箱的舱门处于开启状态，将关闭加热装置，由液晶显示器给出提示信息，此时用户无法进行水分测定操作。

3. 环境检测

在称重子系统检测到连续大幅度波动的质量信号时，水分测定仪不显示示值，在 LCD 上给出图标提示和发出报警声音，直至用户采取相应措施或消除测试环境干扰为止。

6.2.3 应用层功能

应用层功能是烘干失重法水分测定仪的特色功能，主要包括各种测量模式的选择、语言选择、历史测量记录查询等。

1. 常规测量模式

在干燥箱预热完毕后，当用户按下测量开始按钮，干燥箱启动复合控制算法的标准加热方式，系统记录试样初始质量，随后实时采集水分测定数据。例如，60 s 内，试样质量减少量少于 1 mg，系统自行判定水分测定过程完毕，干燥箱停止加热，并实时显示试样水分测定结果。

2. 定温定时测量模式

此模式适用于高温（130 ℃）时的定时烘干，干燥箱采用全功率快速加热方式。通过固定干燥时间、提高烘干温度（130 ℃）干燥的方法，提高水分含量的测定效率。用户可自行设定烘干时间，时间到即直接给出试样水分测定结果。

3. 预估测量模式

作为烘干失重法水分测定仪的升级技术，预估测量模式的使用首先由用户依据试样的品类调用试样水分含量标定值，红外干燥箱采用 105 ℃标准加热方式。仪器将自动记录试样初始质量，随后实时采集水分测定数据，通过调用预估融合算法，得到被测试样的预估水分含量并与水分含量标定值进行比对，当预估结果满足精度要求时，得到被测试样水分含量的预估值。

4. 用户自定义模式

在此工作模式下水分测定仪的加热温度、加热时间，以及停止判定条件等水分测定参数信息均可由用户进行设置。

5. 自动校准

当仪器首次使用或要求精确称量时需要启动校准功能。使用外部砝码对天平进行校准，其校准原理如下：校准前记录下传感器输出值 m_1，将 220 g 标准砝码放置在秤盘上进行称量，待示值稳定后记录下重量稳定值 m_2，则质量对应的线性增量系数 ε 为

$$\varepsilon = \frac{220}{m_1 - m_2}$$ （6.1）

在校准过程中，系统自行保存增量系数 ε。当进行正常称重时，计算出前后传感器输出值之差，乘增量系数 ε，即可求出重量值。

6. 历史记录查询

市售大部分烘干失重法水分测定仪都能够自动保存最近 10 次的测试结果，用户可根据每组结果的时间序列号进行调阅或通过串行接口传输至打印机或 PC 机，方便用户进行信息整合。

7. 语言选择

为了提高烘干失重法水分测定仪的实用性，常见水分仪都提供简体中文、英文和繁体中文三种语言模式，以满足用户的不同需求。

6.3　称重系统关键技术研究

6.3.1　称重系统硬件设计实例

称重模块是水分测定仪的核心组成部分，本设计中采用被广泛应用的电阻应变片式称重传感器。图 6.4 为 K-SPL300 电阻应变式传感器实物图及原理装配图（数据单位为 mm），在弹性敏感元件上粘贴四个电阻应变片，构成惠斯通电桥。当水分仪秤盘加入载荷，称重传感器的弹性敏感元件发生应变，电桥内阻值改变，使电桥失去平衡，将输出与被测载荷重量成正比的电压信号；当水分仪秤盘上空载时，弹性敏感元件无应变，则粘贴在上面的应变片无形变，应变片的阻值不变，电桥输出电压为零。

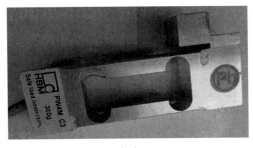

（a）

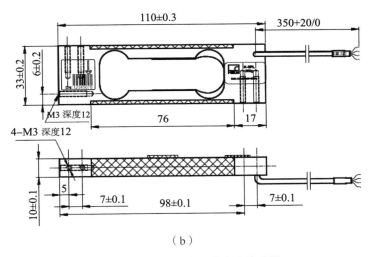

（b）

图 6.4　K-SPL300 电阻应变式传感器

（a）K-SPL300电阻应变式传感器实物图；（b）电阻应变式传感器原理装配图

当水分测定仪秤盘上加入载荷时，电桥输出电压 U_o 与载荷质量成正比，输出的电压差分信号经调理电路进行放大、滤波处理后，经过 ADC 采样单元进行转换，单片机通过采集到的数据即可根据校准数值计算出载荷的实际质量。水分测定仪获取称量装置的质量是通过称重传感器将测得的质量信号转化成相应的电压信号，经过信号调理电路等比例调整到 ADC 所要求的电压输入范围内，最后送至单片机进行处理。传感器的输出信号经过 A/D 转换器采样送入单片机后要先进行适当的数据预处理，以去除混杂在有用信号中的各种干扰、增加有效分辨率，数据处理过程中常用的滤波算法有以下几种：

1. 算术平均滤波

算术平均滤波是最基本的平均滤波，其是要对输入的 N 个采样数据进行算术平均运算。算术平均滤波法适用于对一般具有随机干扰的信号进行滤波，对于测量速度较慢或要求数据计算速度较快的实时控制不适用。其对信号的平滑程度完全取决于采样次数 N。当 N 较大时，平滑程度高，滤波效果较好，但灵敏度低；当 N 较小时，平滑程度低，滤波效果较差，但灵敏度高。

2. 去极值平均滤波

去极值平均滤波基本思想如下：连续采样 N 次，在采集到的数据中找到极大值和极小值，将极大值、极小值剔除后求余下采样值的平均值。就抑制随机干扰效果来看，算术平均滤波较好，但其对脉冲干扰的抑制能力较弱，而去极值平均滤波正好解决了这一问题，明显的脉冲干扰会在采样序列中被剔除，其同时具有抑制随机干扰和抑制脉冲干扰的优点。

3. 滑窗均值滤波算法

当 A/D 转换器采样速度较慢或信号更新较快时，算术平均滤波算法中每一个有效数据的获得必须经过 N 次采样，导致系统实时性减弱。为解决这一问题，可采用滑窗均值滤波算法，具体算法是先采集 N 个数据组成一个采样序列，滤波器输出数据列 N 个数据的均值，完成 N 个称重数据的初次采样后，每采样一次，N 个采样队列便顺序移出一个最初的数据，并移入本次采样获得的一个新数据，每更新一次数据求一次均值，就可获得新的滤波结果。

滑窗均值滤波算法对周期性干扰抑制效果较好，但较难抑制偶然出现的脉冲干扰。因此，在脉冲干扰较为严重的系统中，需要在滑动平均滤波算法前增加去脉冲干扰算法。

4. 加权平均滤波

上述三种平均滤波算法若要进一步抑制干扰效果，可增大平均采样次数 N，但采样次数增大将会引起有用信号失真，特别是会引起有用信号中高频分量峰值部位的失真。采用加权平均滤波算法可以有效地解决上述矛盾。

加权平均滤波是指参加平均运算的各采样值分别乘不同权值后进行相加，而后求平均值。加权值参数一般先小后大，越接近现在时刻的数据，权值越大，以突出最近采样值的作用，提高系统对参数变化趋势的辨识度。N 项加权平均滤波算法为

$$y_n = \frac{1}{N} \sum_{i=1}^{N-1} C_i x_{N-i} \qquad (6.2)$$

式中，C_0，C_1，...，C_{N-1} 为常数，且满足条件：

$$\begin{cases} C_0 + C_1 + \cdots + C_{N-1} = 1 \\ C_0 > C_1 > \cdots > C_{N-1} > 0 \end{cases} \qquad (6.3)$$

常数 C_0，C_1，…，C_{N-1} 选取方法有多种，其中较为常用的是加权系数法。设对象的纯滞后时间为 τ，且

$$\delta = 1 + e^{-\tau} + e^{-2\tau} + \cdots + e^{-(N-1)\tau} \qquad (6.4)$$

则

$$C_0 = \frac{1}{\delta}, \quad C_1 = \frac{e^{-\tau}}{\delta}, \cdots, \quad C_{N-1} = \frac{e^{-(N-1)\tau}}{\delta} \qquad (6.5)$$

加权平均滤波算法适用于纯滞后时间较大、采样周期较短、变化迅速的信号。但对于纯滞后时间常数较小的对象和采样周期较长的信号，则不能迅速反映系统当前所受干扰的严重程度，使其滤波效果较差。

6.3.2　水分测定仪称量装置常用数据预处理方法

本书介绍一种剔除粗大误差、滑窗均值滤波和载荷突变跟踪策略相结合的数据预处理算法，在提高测量精度的同时又能很好地满足系统对称重数据的稳定性和实时性要求。

为保证称重数据的准确性，称重数据在滑窗均值滤波前先进行粗大误差剔除处理。在数据送入滑窗前，系统将新采样的称重数据 x_i 与保存在滑窗中的数据进行比较，采用 3σ 准则，判别 x_i 是否为粗大误差。

设 $\overline{x_i}$ 为滑窗内的均值，即

$$\overline{x_i} = \frac{1}{L} \sum_{i=1}^{L} x_i \qquad (6.6)$$

式中，L 为滑窗内数据个数；x_i 为滑窗内采样数据值，i 为 1，2，3，$\cdots$，L。

对滑窗内的数据求标准差 σ，即

$$\sigma = \sqrt{\frac{\sum_{i=1}^{L} \left(x_i - \overline{x_i}\right)^2}{L-1}} \qquad (6.7)$$

当满足如下条件式时，则判定 x_i 为粗大误差，并剔除该数据。

$$|x_i - \overline{x_i}| > 3\sigma \qquad (6.8)$$

将不是粗大误差的数据 x_i 送入长度为 L 的滑窗均值滤波器，滤波器将该新数据放入队尾，并扔掉原来队首的一个数据，而后进行算术平均运算，则滑窗均值滤波器的输出 W_n 可以表示为

$$W_n = W_{n-1} + \frac{1}{L}(x_i - w_0) \qquad (6.9)$$

式中，L 为滑窗均值滤波器的长度；w_0 为递推滤波器的原队首数据；W_{n-1} 为上次滑窗均值滤波器的输出。

滑窗均值滤波器长度 L 由 ADC 转换速率和水分测定仪称重结果稳定

时间决定，根据试验取 $L=12$。

6.3.3　载荷突变跟踪策略

当测定样品加载或卸载时，传感器称重信号将发生突变，如果直接采用滑窗均值滤波，系统将会把该正常的突变信号判定为粗大误差予以剔除，从而得不到正确的称重结果，以下是几种常用的载荷突变跟踪方法：

（1）滤波器设计：使用合适的滤波器对称重信号进行滤波处理。滤波器可以平滑信号、去除噪声，并提取出荷载变化的趋势。常见的滤波器包括低通滤波器和卡尔曼滤波器。

（2）状态估计和观测器设计：通过状态估计和观测器设计，基于测量结果和已知系统模型来估计真实荷载的状态。这种方法可以实时估计荷载的变化，并进行跟踪。

（3）自适应控制：利用自适应控制算法，根据荷载变化的反馈信息，自动调整控制参数以适应新的荷载。自适应控制可以根据荷载突变的速度和幅度进行实时调整，以保持系统的稳定性和准确性。

（4）反馈补偿：通过对称重信号的反馈，实时补偿荷载突变造成的影响。这可以通过比例－积分－微分（PID）控制器或其他补偿算法来实现。反馈补偿可以帮助系统尽快恢复到稳态，并减小跟踪误差。

（5）神经网络和机器学习：利用神经网络和机器学习算法，建立荷载突变的模型，并根据实时测量数据进行预测和调整。这种方法可以学习和适应不同荷载突变的模式，提高跟踪性能。

6.3.4　仪器称量装置五点线性校正方法

传感器信号调理电路的输入输出特性并不都是非线性的，影响测量系统精度的一个重要指标是系统的非线性。同时，系统的信号调理电路中的电子器件、A/D 转换器等都存在非线性因素，所以要实现水分测定仪称量装置的精确称量，必须对系统进行非线性校正。

称重系统常采用的非线性补偿方法可分为硬件补偿和软件补偿两种。硬件补偿法是通过构建相应的电路来对系统进行非线性补偿，但其仅能做到部分量程的补偿。由于补偿电路的引入而增加的额外漂移会影响原系统的精度，而且补偿电路的使用将会增加原有电路的体积和复杂度，增加产品成本，调试也较为困难。软件补偿法需要微处理器的支持，无须改变原有电路的硬件结构，只要修改软件，即可消除系统的非线性误差，提高测量系统的精度，使系统的输入输出呈线性关系，从而实现系统的非线性校正。近年来，随着微处理器和集成电路的发展，采用软件补偿法来实现非线性校正相对于硬件补偿法在降低产品成本、简化调试流程、提高精度等方面表现出了强劲的优势。

常用的软件非线性校正方法有分段线性插值法、牛顿插值法、最小二乘法等方法。以分段线性插值法为例，首先依据系统设计的精度需求对非线性曲线做出分段，同时用若干段折线进行逼近，理论上这种折线可无限接近曲线真实值。

以下实例给出应用广泛的五点线性校正方法，假设其折点坐标分别为（m_1，y_1），（m_2，y_2），（m_3，y_3），（m_4，y_4），（m_5，y_5）

各线性段的输出表达式如下：

第 I 段，有 $m_1 \leqslant m < m_2$，则输出值 $y(m)$ 为

$$y(m) = y_1 + \frac{y_2 - y_1}{m_2 - m_1}(m - m_1) \qquad (6.10)$$

第 II 段，有 $m_2 \leqslant m < m_3$，则输出值 $y(m)$ 为

$$y(m) = y_2 + \frac{y_3 - y_2}{m_3 - m_2}(m - m_2) \qquad (6.11)$$

第 III 段，有 $m_3 \leqslant m < m_4$，则输出值 $y(m)$ 为

$$y(m) = y_3 + \frac{y_4 - y_3}{m_4 - m_3}(m - m_3) \qquad (6.12)$$

第 IV 段，有 $m_4 \leqslant m < m_5$，则输出值 $y(m)$ 为

$$y(m) = y_4 + \frac{y_5 - y_4}{m_5 - m_4}(m - m_4) \qquad (6.13)$$

由式（6.10）～式（6.13），得 $y(m)$ 总的输出值为

$$y(m) = \begin{cases} y_1 + \dfrac{y_2 - y_1}{m_2 - m_1}(m - m_1) & m_1 \leqslant m < m_2 \\[2mm] y_2 + \dfrac{y_3 - y_2}{m_3 - m_2}(m - m_2) & m_2 \leqslant m < m_3 \\[2mm] y_3 + \dfrac{y_4 - y_3}{m_4 - m_3}(m - m_3) & m_3 \leqslant m < m_4 \\[2mm] y_4 + \dfrac{y_5 - y_4}{m_5 - m_4}(m - m_4) & m_4 \leqslant m < m_5 \end{cases} \qquad (6.14)$$

由测量值 m 求得实际 $y(m)$ 值的五点线性校准法折线逼近图，如图 6.5 所示。在实际设计中，假设水分测定仪的量程为 200 g，取 m_1=0.0、m_2=50.0、m_3=100.0、m_4=150.0、m_5=200.0 存入下位机 EEPROM，y_1、y_2、y_3、y_4、y_5 由校准程序得到，也存入下位机 EEPROM。在测量时将这些系数从 EEPROM 中读出，计算测量值 m 后即可得到实际测量的样品质量。

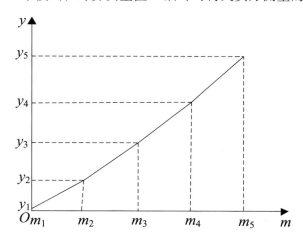

图 6.5　五点线性校准法折线逼近图

6.4 红外干燥箱关键技术研究

烘干失重法水分快速测定的关键之一是保证红外干燥箱温度的准确性和稳定性。过低的温度会影响试样水分的逸失，延长测定时间；过高的温度不仅易使试样碳化，还影响水分测定结果的准确性。目前，应用于干燥箱温度控制的仪表主要为智能仪表，与传统的模拟仪表相比，智能仪表以软件代替部分硬件，结合一些先进的温度控制算法，具有功能全、精度高、使用方便的特点。

随着集成电路的普及和微处理器功能的升级，越来越多的复杂控制算法可以应用到实际的智能仪表开发中，而不仅仅停留在计算机仿真和实验装置的验证上。将目前常用的温度控制算法进行对比，结果如表 6.3 所示。

表 6.3 常用干燥箱温度控制算法对比

方法名称	实现过程	控制优势	存在的不足
PID控制	PID控制通过比例项（P项）、积分项（I项）和微分项（D项）来调整控制器的输出。P项根据当前误差调整输出，I项根据误差的累积调整输出，D项根据误差变化率调整输出	控制结构简单，容易实现且鲁棒性强，在传统温度控制中应用广泛	常规 PID控制器仅适用于小惯性、小滞后的过程，在实际的应用中，许多被控过程机理复杂，具有高度非线性、时变性、不确定性和纯滞后等特点，在噪声、负载扰动等因素的影响下，系统参数甚至模型结构会随时间和工作环境的变化而变化，此时常规的 PID控制难以获得满意的控制效果

（续表）

方法名称	实现过程	控制优势	存在的不足
时间最优控制	时间最优控制旨在在给定约束条件下，使系统在最短时间内从初始状态到达目标状态。它通过优化控制策略来最小化系统的控制时间	能够使控制时间最短，对于需要快速响应和高性能的系统具有优势。适用于需要精确控制时间的应用，如机器人控制和动态系统控制	对系统动力学和约束条件的要求较高，可能会导致控制器的复杂性增加。可能对系统产生较大的控制冲击或振荡
预测控制	预测控制使用系统的数学模型来预测系统在未来一段时间内的行为。这个预测可以基于离散时间步长的模型，也可以是连续时间的模型。通过预测系统的未来状态、输出或其他关键变量，控制器可以根据预测结果选择最优的控制策略	对于系统的非线性和不确定性具有较强的鲁棒性；能够处理多个输入和输出变量之间的复杂相互关系。由于可以方便地引入约束条件，选择最优的控制策略，预测控制能够在给定约束条件下实现较好的控制性能，实现更精确的控制	预测控制通常需要进行迭代优化，计算量较大。在实施过程中需要准确的系统模型来进行预测和优化。对于复杂的系统，在模型的建立和参数估计方面可能具有一定的挑战性。此外，模型的准确性对于控制性能的影响较大。由于预测控制涉及预测和优化的计算过程，其实时性可能受到影响
智能控制	智能控制是在常规控制中加入逻辑推理和启发式知识，使系统具有自学习、自适应的能力。人的知识在控制中起着重要的协调作用，系统在信息处理上，既有数学运算，又有逻辑和知识推理。实现智能控制的结构框架是模糊推理和神经网络，而实现智能控制的核心算法是现代优化算法。智能控制的主要方法有：专家控制、模糊控制、神经网络控制等	智能控制可以根据系统的实时变化和不确定性进行自适应调整。它能够通过学习和优化来适应系统的动态特性，提供更好的控制性能。特别是对于复杂非线性系统，智能控制更具灵活性和适应性。此外，智能控制对噪声、干扰和模型误差具有较强的鲁棒性。它可以通过学习和自适应来补偿系统的不确定性，提高控制的稳定性和鲁棒性	实施过程中需要大量的训练数据来建立模型和优化控制策略；需要进行大量的计算和优化，对硬件和实时性要求较高。智能控制中存在大量的参数需要调优，如模型结构、学习率、正则化参数等。需要经验和专业知识来选择和调整参数，以获得最佳的控制性能

6.4.1 温度控制电路设计实例

红外干燥箱温度的精准检测是实施控制策略的前提与保障。干燥箱内进行温度检测时，可以采用以下几种方法：

（1）温度传感器。使用温度传感器是最常见和常用的方法之一。常见的温度传感器包括热电偶、热敏电阻（如 Pt100、NTC 等）、热电阻（如 PTC、Pt1 000 等）和半导体温度传感器（如 LM35）。这些传感器可以测量环境温度并将其转换为电信号输出。

（2）红外线测温。红外线测温技术是一种非接触式的温度检测技术。它通过测量物体辐射出的红外线能量来确定其温度。使用红外测温仪可以快速、方便地对干燥箱内的温度进行测量。

（3）热像仪。热像仪是一种通过红外热辐射图像来实时显示和测量物体表面温度的设备。它可以提供整个干燥箱内各个区域的温度分布图，帮助进行温度监测和分析。

（4）热电阻阵列。热电阻阵列是一种可将温度分布转换为电压信号的传感器阵列。它可以在干燥箱内多个位置同时测量温度，并提供温度分布的空间信息。

（5）热电偶阵列。热电偶阵列与热电阻阵列类似，但使用的是热电偶传感器。它可以在干燥箱内多个位置测量温度，并提供温度分布的空间信息。

目前，铂电阻温度传感器在精度要求较高的干燥箱温度测量中应用最广，原因如下：

（1）铂电阻输出值为电阻值，易于测量，并且在测量范围内有良好的输出特性。

（2）铂电阻在测量范围内化学、物理性质稳定，能保证测量的正确性。

（3）铂电阻易于批量生产。

Pt100 电阻值与温度的关系为

$$R_t = \begin{cases} R_0 \left[1 + At + Bt^2 + C(t-100)t^2 \right] & -200 < t < 0 \\ R_0 \left(1 + At + Bt^2 \right) & 0 \leqslant t < 850 \end{cases} \quad (6.15)$$

式中，R_t 为温度为 $t\,^{\circ}\mathrm{C}$ 时的电阻值（Ω）；R_0 为 0 ℃ 时的电阻值；A、B、C 均为常数。其中，$A = 3.968\,47 \times 10^{-3}/{}^{\circ}\mathrm{C}$，$B = -5.847 \times 10^{-7}/{}^{\circ}\mathrm{C}$，$C = -4.22 \times 10^{-12}/{}^{\circ}\mathrm{C}$。

为了更清晰地说明烘干失重法水分测定仪红外干燥箱的温度检测与控制的一般思路与方法，给出如下电路设计实例，以供参考。红外干燥箱温度检测电路由测温桥、运放电路和滤波电路组成，其温度检测电路原理如图 6.6 所示。

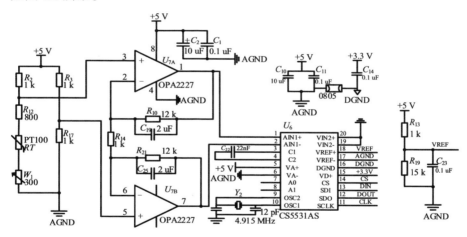

图 6.6　红外干燥箱温度检测电路原理

依据温度传感器 Pt100 的技术手册，其供电电压为 5 V，额定工作电流低于 10 mA，据此选定 R_2、R_3、R_{12}、R_{17}，采用温度系数为 5ppm 的塑封电阻构成测温电桥，对应阻值 $R_2 = R_3 = R_{17} = 1\ \mathrm{K}\Omega$，$R_{12} = 800\ \Omega$，以防止过流情况的发生，通过调节可调电位器 W_1 设定温度的零点。电桥的输出信号经过放大和滤波后送入 ADC。

在电路设计时采用比例测试技术，以提高测量精度，其中集成运放 U_7（TI 公司的 OPA2 227）、R_{10}、R_{14}、R_{21}、C_{19}、C_{25} 等组成双端输入、双端输出的仪用放大器与低通滤波器。通过查询数据手册可知温度传感器 Pt100 在 0 ℃ 时，电阻为 100 Ω，可通过调节变阻器 W_1 使输出电压为 0 V；200 ℃ 时 Pt100 电阻为 175.84 Ω，代入计算测温桥输出电压为。

$$u_{t\max} = \left(\frac{R_{12} + RT + W_1}{R_2 + RT + W_1 + R_{12}} - \frac{R_{17}}{R_3 + R_{17}} \right) \times V_{CC}$$
$$\approx 0.0914(V) \tag{6.16}$$

由于 ADC 参考电压 V_{tREF} 为 2.5V，当输入电压达到参考电压时，ADC 输出 0xFFFFH，此时计算信号调理电路的最大放大倍数为

$$Z_{t\max} = \frac{V_{tREF}}{u_{t\max}}$$
$$\approx 27.4 \tag{6.17}$$

温度最小变化值为 0.1 ℃，当温度为 200 ℃，变化值为 0.1 ℃ 时，依据式（6.17）可推出测温桥输出电压值 $\Delta ut_{\max}$ 变化最小为

$$\Delta u_{t\max} = \left(\frac{RT_{200°C} + R_{12} + W_1}{RT_{200°C} + R_2 + W_1 + R_{12}} - \frac{RT_{199.9°C} + R_{12} + W_1}{RT_{199.9°C} + R_2 + W_1 + R_{12}} \right) \times V_{CC}$$
$$\approx 4.6520 \times 10^{-5}(V) \tag{6.18}$$

16 位 CS5531−AS 可分辨最小变化电压为

$$u_{ti} = \frac{V_{tREF}}{2^{16}}$$
$$\approx 3.8146 \times 10^{-5}(V) \tag{6.19}$$

对比式（6.18）与式（6.19）可知，系统能识别最小温度变化值，因此调理电路放大倍数需要满足 $Z_t < 27.4$，实际可取 $Z_{t\max} = 25$。

温度控制部分采用过零检测和控制可控硅触发角的方式实现对加热功率的控制，保持干燥箱温度恒定。过零检测是指在交流系统中，当波形

正负半周相互转换时，控制系统需对零位做出检测。可控硅触发角是指可控硅从过零关断后到触发导通前两者之间的角度。触发角越小，流过负载的电流越大；触发角越大，流过负载的电流越小。可控硅控制加热功率示意如图 6.7 所示。

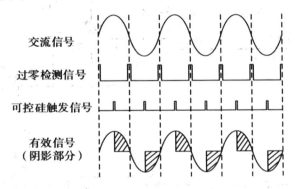

交流信号

过零检测信号

可控硅触发信号

有效信号
（阴影部分）

图 6.7　可控硅控制加热功率示意

将以上原理应用于实际电路设计，如图 6.8（a）、图 6.8（b）所示。其中，光耦 MOC3021、可控硅 BT137 及其外围元件组成温度控制电路；光耦 TLP521 及其外围器件构成过零检测电路。

在图 6.8（a）中，系统控制单元通过隔离光耦 MOC3021 来驱动双向可控硅 Q_1。R_6 为触发限流电阻，R_{16} 为 TRIAC 门极电阻，防止误触发，提高抗干扰能力。可控硅 BT137 可通过高达 8 A 的电流，可满足加热时红外加热管产生的大电流的通过需求。由 R_9、C_{17} 构成 RC 阻容吸收电路，实现双向可控硅 BT137 的过电压保护。

在 6.8（b）中，光耦 TLP521 检测 220 V 交流电的过零信号，根据过零检测信号来控制可控硅的触发角。通过正半周电压时，光耦 U_2 导通，V_{out} 输出低电平，当正半周电压反向接近零点时，U_2 达不到导通电压的值而截止，从而使 U_2 截止，V_{out} 为高电平；当通过负半周较高电压时，光耦 U_3 导通，V_{out} 输出低电平，当负半周电压正向接近零点时，光耦达不到导通条件而截止，从而使 V_{out} 输出高电平，通过这个正负交越零点的正脉冲信号向单片机发出中断信号，在中断函数中，通过复合模糊控制得到的可控硅触发角来控制加热功率。

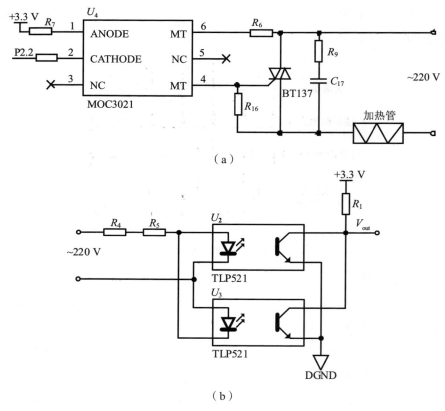

（a）

（b）

图 6.8　温度控制相关电路
（a）可控硅控制电路；（b）过零检测电路

6.4.2　温度控制算法设计实例

目前，红外粮食水分测定仪干燥箱多采用碗状结构单温度传感器设计，为防止温度传感器高温氧化及挥发物腐蚀，常采用热保护套管的设计。在加热初始阶段，控制量较大，升温迅速，套管设计导致温度测定存在较大滞后。通过红外干燥机理研究证明烘干失重过程中水分逸失主要发生在降速干燥阶段，要重点保证该阶段温控精度，而降速干燥阶段温控系统偏差逐渐减小，常规模糊 PID 控制论域固定不变导致控制规则较少，而引起控制精度不足。为了细化及补充控制规则，提高控制精度，结合现有相关参考文献，本书给出一种结合时间最优控制及模糊控制的红外干燥箱复合控制策略，以单片机为信息处理单元，并通过控制可控硅触发角的方式，取得了精确控制烘箱温度的效果。

设 u_c 为烘箱温度复合模糊控制的输出，即可控硅的触发角，烘箱温度误差为 e_T（$e_T=T_i-T_d$，T_i 为烘箱实际温度，T_d 为目标温度，如 105 ℃），e_c（$e_c=e_i-e_{i-1}$）为温度误差变化率，则烘箱复合控制策略为

$$u_c=\begin{cases} 0 & e_T\leqslant-25\ ℃ \\ \dfrac{\pi}{2} & -25℃<e_T<-9\ ℃ \\ \mathrm{FUZ}_1(e_T,e_c) & 3℃<|e_T|\leqslant9\ ℃ \\ \mathrm{FUZ}_2(e_T,e_c) & |e_T|\leqslant3\ ℃ \\ \pi & e_T>9\ ℃ \end{cases} \qquad (6.20)$$

式中，$u_c=0$ 时，红外加热管为全功率加热；$u_c=\dfrac{\pi}{2}$ 时，红外加热管半功率加热；$u_c=\pi$ 时，可控硅不导通，红外加热管不加热，以上三种情况实际为起停式控制。$\mathrm{FUZ}_1(e_T,e_c)$ 为主模糊控制，$\mathrm{FUZ}_2(e_T,e_c)$ 为辅助模糊控制，在主辅两种模糊控制方式下，可控硅的触发角可根据模糊控制表输出去模糊化后得到。

主模糊控制采用常用的二维结构形式，以目标温度与烘箱实际温度的偏差 e_T 与温度偏差变化率 ec 为输入变量。ET 为温度误差的模糊输入变量，EC 为温度误差变化率的模糊输入变量（ET=INT[Round(e_T/k_{eT})]，EC=INT[Round(e_c/k_{ec})]，INT 表示取整，Round 表示四舍五入，当 ET=INT[Round(e_T/k_{eT})]，EC=INT[Round(e_c/k_{ec})] 的值小于 −3 或大于 3 时，ET、EC 分别取 −3 或 3，k_{eT}、k_{ec} 为模糊化因子）。对温度偏差 ET 及温度偏差变化率 EC 定义 7 个模糊档级 {NB,NM,NS,ZE,PS,PM,PB}。温度偏差

ET 的离散论域和温度变化率 EC 的离散论域均选择为 {−3,−2,−1,0,1,2,3}。

隶属函数选择三角形隶属函数。对于输入变量误差、误差变化率和输出变量，选用的模糊子集论域和隶属函数曲线都完全一致。ET、EC 和 U 的隶属函数曲线如图 6.9 所示。

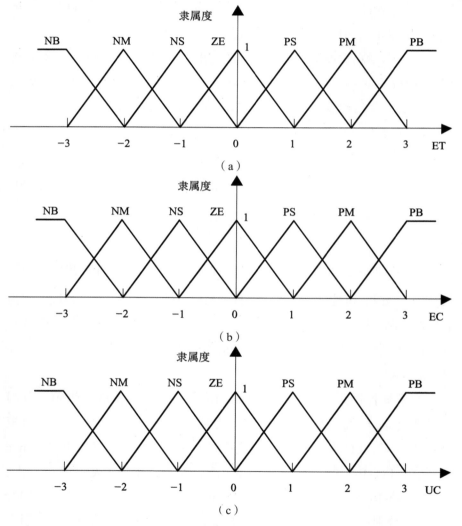

图 6.9　ET、EC 和 U 的隶属函数曲线
（a）ET的隶属函数曲线；（b）EC的隶属函数曲线；（c）U的隶属函数曲线

经过模糊推理后得到系统一级模糊控制规则表及二级模糊控制规则表，分别如表 6.4 和表 6.5 所示。

表 6.4　红外干燥箱一级模糊控制规则表

FUZ$_1$		ET						
		−3	−2	−1	0	1	2	3
EC	−3	+3	+2	+2	+1	0	−1	−1
	−2	+3	+2	+1	+1	0	−1	−2
	−1	+2	+2	+1	0	0	−1	−2
	0	+2	+1	+1	0	−1	−1	−2
	1	+2	+1	0	0	−1	−2	−2
	2	+2	+1	0	−1	−1	−2	−3
	3	+1	+1	0	−1	−2	−2	−3

二级模糊控制针对红外干燥箱标定工作点附近，对一级模糊控制的输出进行细化和修正，达到减少静态误差的目的。二级模糊控制 FUZ$_2$ 是一种比较简单的模糊控制方法，采用一维结构形式，以烘箱目标温度与烘箱温度的差值 e_{dc} 为输入变量。由于在加热控制中 $e_{dc} > 0$，二级模糊控制采用如表 6.5 所示的控制规则。

表 6.5　红外干燥箱二级模糊控制规则表

EDC	−3	−2	−1	0	1	2	3
FUZ$_2$	−3	−2	−1	0	1	2	3

模糊控制规则表存入系统控制单元的 ROM 中，通过查表，得到相应的模糊控制量。通过控制可控硅的触发角，改变红外加热管在一个周期内的导通时间，进而控制红外加热的功率，以控制干燥箱内的温度。

6.5 仪器软件设计

6.5.1 仪器的软件模块

为降低软件复杂度，烘干失重法水分测定仪主程序设计基于模块化的思想，不同功能模块之间彼此独立，便于代码的更新与移植，在设计过程中应遵循以下原则：

1. 模块独立性原则

模块的独立性原则指应该保证模块完成一个相对独立的特定子功能；模块之间的联动关系简单，最好只通过数据传递产生联系，而不具有控制关系，这样修改某一个模块，不会造成整个程序的混乱。

2. 模块规模适当原则

模块设置不应过大，功能设置不宜过于复杂，否则会严重影响程序的可读性与移植性。

3. 模块分解要注意层次

在子程序模块设计之初，要多层次地分解任务。应注意对问题进行抽象化，将问题分解后再逐步细化。

6.5.2 仪器的工作流程

烘干失重法水分测定仪的数据处理与功能管理软件均采用模块化程序，主程序与子程序由单独的 C 文件构成，各个程序模块之间可通过函数与参变量进行信息交互与功能调用，这样的设计可大幅度增强软件框架的可读性，便于后期的调试、维护与升级。烘干失重法水分测定仪的工作流程如图 6.10 所示，其中主程序主要完成自检、各模块初始化、按键扫描、故障自诊断、温度与质量信息采集、数据预处理、称量结果显示、参数设置和数据通信等功能。

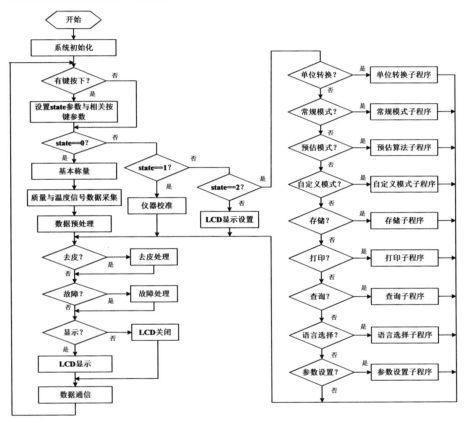

图 6.10　水分快速测定仪主程序流程图

6.6　本章小结

　　本章主要介绍烘干失重法水分测定仪核心技术的设计与实现，详细阐述了各组成单元的工作机理、电路构成、功能指标与主程序设计等。其中，称重子系统和红外干燥箱子系统的设计与优化作为烘干失重法水分测定仪的关键，是本章阐述的主要内容。

第7章　烘干失重法水分测定仪测试与检定

在前述烘干失重法红外干燥过程的传质—传热机理分析、红外干燥试验研究、水分快速检测自适应预估融合方法设计的基础上将水分含量预估融合算法与水分快速测定仪紧密结合，研制成功了一种烘干失重法水分测定仪。参照国家计量检定规程《烘干法水分测定仪》（JJG 658—2010）对仪器的示值误差、重复性误差及水分测定结果误差等计量性能进行了测试，分析了烘干失重法水分测定仪的误差来源。依据国家标准《测量不确定度评定与表示》（JJF 1059.1—2012），根据测试误差来源建立测试结果的不确定度模型。

7.1　烘干失重法水分测定仪的一般检定步骤

7.1.1　校准前准备

检查仪器的外观是否完好，确认仪器无损坏或异常情况。清洁仪器的加热腔和称重部分，确保无杂质或残留物。

7.1.2　校准仪器

使用标准样品（已知水分含量）进行校准。标准样品应与待测样品具有相似的性质，并且水分含量已经被准确测定。按照仪器的操作说明设置参数，如温度、时间等。进行至少三次测量，记录测量结果。

7.1.3　校准数据处理

计算校准样品的平均值和标准偏差。比较校准样品的测量结果与已知的水分含量，计算偏差。根据偏差情况，进行校准调整，确保仪器准确性。

7.1.4　重复性测试

选择相同的样品进行多次测量，至少进行三次重复测量。记录每次测量的结果，计算平均值和标准偏差。比较重复测量结果的偏差，评估仪器的重复性和一致性。

7.1.5　仪器性能评估

检查仪器的温度控制能力，确认仪器是否能够控制烘干温度，使其稳定；检查仪器的称重准确性，确认称重系统的精度和稳定性；检查烘干时间的设定和控制，确保烘干时间的准确性和一致性。

7.1.6　生成检定报告

根据检定结果生成检定报告，包括校准数据、重复性测试结果和仪器性能评估。报告中应包含所使用的标准样品信息、测量数据、偏差计算和调整方法等详细信息。

7.2　仪器的计量性能测试与不确定度分析

7.2.1　烘干失重法水分测定仪的误差分析

烘干失重法水分测定仪的误差主要包括称重传感器误差、温度传感器 Pt100 的测量误差、装置误差等，特别是当水分仪在预估模式下工作时，预估算法各项参数的计算偏差也会使水分测定结果产生误差。这些误差主要是偏载误差、测量重复性误差、示值误差等。

1. 称重传感器的误差

电阻应变片式称重传感器作为水分快速测定仪称重系统的核心部件，直接决定了水分测定结果的准确度。特别是应变式称重传感器的输出不仅与载荷有关，还会受温度变化的影响，即应变片电阻变化是载荷产生的应变与温度变化产生的应变叠加后产生的影响。由于应变片分布在传感器的四个角上，在实际应用中，四个角的环境温度存在差异，使应变片在同一时刻由温度引起的电阻应变量各不相同，从而引起温度漂移误差。

2. 干燥箱温度传感器的误差

烘干过程中干燥介质（空气）的迅速升温和传感器相对较慢的响应速度，使温度测量值有较大的误差，导致控制算法实时性不够，造成较长时间的较大超调。

3. 装置误差

系统的装置误差在硬件方面主要包括传感器调理电路设计引入的误差、阻容器件的匹配度引入的误差、PID 电路积分电容稳定性，以及电阻与运放的温度漂移误差将会影响传感器信号调节的稳定性及精度,从而产生传感器信号调节误差、ADC 模块的量化误差;软件方面主要包括系统微处理器字长限制,以及称重系统内部各种补偿及校正数学模型的原理误差都会引入数据处理误差。

4. 外界环境误差

由外界环境对烘干失重法水分测定仪带来的误差主要是表现为外界环境的振动、气流、温度波动及磁场(地磁场除外)带来的影响。由于红外干燥箱体积小、空间结构复杂,加上周围及顶部有散热通气口,这些都会使干燥箱内的温度分布受到影响,从而使温度控制算法产生误差;此外受到温度传感器固定位置的限制,传感器无法零距离贴近试样表面,从而使传感器测定点温度与试样表面温度存在差异,造成温度测量误差。干燥箱的温度、试样粒径及初始水分含量对固体试样的红外干燥过程的影响很大,以上因素也会造成水分测定结果存在误差。

5. 检定砝码误差

烘干失重法水分测定仪作为精密的仪器,在检定过程中所使用砝码的磁性、密度及自身误差都会对仪器计量性能的检定产生影响。依据《烘干法水分测定仪》(JJG 658—2010)水分测定仪的检定过程采用 E_2 级标准砝码,其取值为 0.001 0 g、10.000 0 g、20.000 0 g、50.000 0 g、100.000 0 g 和 200.000 0 g。依据《砝码检定规程》(JJG 99—2006),将 E_2 级部分砝码的最大允许误差绝对值进行总结(见表 7.1),其中|MPE|为检定规程规定的 E_2 级砝码的最大允许误差。

表 7.1　E_2 级砝码最大允许误差

标称值 /g	0.010 0	10.000 0	20.000 0	50.000 0	100.000 0	200.000 0
|MPE|	0.008	0.06	0.08	0.1	0.16	0.3

综上所述，在完成预估型烘干法水分快速测定仪的软、硬件设计及加工后，为进一步评定水分测定仪的计量性能，验证预估型水分测定仪设计方案的合理性，需要根据水分仪的准确度级别，在设定工作条件下对其计量性能进行测试。

7.2.2　烘干失重法水分测定仪的计量性能测试

烘干失重法水分测定仪的检验项目共有 7 项，具体如表 7.2 所示。水分测定仪的检验过程应在稳定环境下进行，工作环境需符合表 7.3 所示的要求。为保证试验结果的准确性，在进行性能测试前需对水分测定仪开展以下操作：水分测定仪的工作平台必须调为水平状态，仪器在测试前需进行校准，并进行充分预热（预热 30 min 以上）。

表 7.2　烘干失重法测定仪检验项目表

序　号	检验项目	首次检验	后续检验	使用中检验
1	试样盘	$+^{(1)}$	−	−
2	外观检查	+	+	−
3	工作正常性	$+^{(2)}$	$+^{(2)}$	−
4	安全可靠性	$+^{(2)}$	$+^{(2)}$	−
5	称量装置示值误差	+	+	+
6	称量装置重复性	+	+	+
7	水分测定误差	+	+	−

注：①该项目仅针对没有去皮装置的水分测定仪。

②该项目为检验前预先操作，之后仅目力检查。

烘干失重法水分测定仪的性能测试过程需要配备以下设备。

（1）预估型烘干失重法水分快速测定仪的实际分度值为 $d=1$ mg，因此检验过程采用 E_2 级砝码，其值包括 0.001 0 g、10.000 0 g、20.000 0 g、50.000 0 g、100.000 0 g 和 200.000 0 g。

表 7.3　测试过程环境条件

准确度等级	温度波动 /（℃/h）	湿度 /（%RH）
特种准确度级	≤1	30～70
高准确度级	≤5	30～70

（2）配备氯化钠国家标准物质（编号：CBW06103b）。依据《烘干法水分测定仪》（JJG 1036—2010）的规定，最大允许误差为技术指标中所允许的正或负的最大差值。表 7.4 和表 7.5 分别给出了水分测定最大允许误差及仪器称量装置的最大允许误差。

表 7.4　水分测定仪的准确度等级及最大允许误差

准确度等级	示值误差（e）	重复性误差（e）	水分测定误差 /%
特种准确度级	参见表 7.5	参见表 7.5	±0.2
高准确度级			±0.5

表 7.5　水分测定仪称量装置的最大允许误差

最大允许误差（MPE）	载荷 m（以检定分度值 e 表示）	
	I 级	II 级
±0.5e	$0 \leqslant m \leqslant 5 \times 10^4$	$0 \leqslant m \leqslant 5 \times 10^3$
±1.0e	$5 \times 10^4 < m \leqslant 2 \times 10^5$	$5 \times 10^3 < m \leqslant 2 \times 10^4$
±1.5e	$2 \times 10^5 < m$	$2 \times 10^4 < m \leqslant 1 \times 10^5$

仪器的计量性能检测主要包括示值误差、重复性误差以及水分测定误差等指标。

1. 示值误差

参考《烘干法水分测定仪》（JJG 1036—2010）对示值误差的测试过程，从零载荷（0 g）开始，向上逐渐将载荷加载至最大秤量，之后逐渐卸载，直至载荷为零。加载和卸载过程都必须保证具有足够的测量点数，一般不少于 5 点。示值误差是对零点修正后的修正误差 E_r，即

$$E_r = M_T - M_I \qquad\qquad (7.1)$$

式中，M_T 为称量装置的示值（g）；M_I 为约定真值，即检定砝码的质量值（g），其值不得超过水分测定仪在该载荷时的最大允许误差，即 $|E_r| \leqslant |\mathrm{MPE}|$。

依据以上测试要求，调整测试环境温度至（20±0.5）℃，使用 1 ～ 200 g 标准砝码，以 1 mg/60 s 失水率判定法进行预烘。测试过程中从空载开始，选择 8 个载荷点完成加载操作，再以相同载荷进行卸载操作。对被测水分测定仪共进行 10 次加载与卸载操作，取 10 次结果的均值作为最终测试结果。

水分快速测定仪示值误差测试结果如表 7.6 所示。设加载质量为 m；当 $0 \leqslant m \leqslant 25$ g 时，示值误差最大为 −0.001 g；当 25 g $< m \leqslant 100$ g 时，示值误差最大为 −0.002 g；当 100 g $< m \leqslant 200$ g 时，示值误差最大为 0.003 g，均满足国家标准《烘干法水分测定仪》（JJG 658—2010）规定的 Ⅱ 级水分测定仪计量性能标准。

表 7.6　水分快速测定仪示值误差测试结果

序　号	载荷质量 M_T/g	↓加载 M_I/g	↑卸载 M_I/g	↓误差 E_r/g	↑误差 E_r/g
1	0.000	0.000	0.000	0.000	0.000
2	20.000	20.001	19.999	0.001	−0.001
3	40.000	39.999	40.001	−0.001	0.001
4	60.000	59.998	59.999	−0.002	−0.001
5	120.000	119.997	120.002	−0.003	0.002
6	160.000	160.003	159.998	0.003	−0.002
7	200.000	199.998	199.997	−0.002	−0.003

2. 重复性误差测试

对于具有零点跟踪功能的衡量装置，重复性测试是指多次称量同一载荷所得示值之间的差值不得大于该载荷点规定的最大允许误差，测试载荷应选择 80% ～ 100% 最大秤量的单个砝码，测量次数不少于 6 次。

$$E_{max} - E_{min} \leqslant |MPE| \qquad (7.2)$$

式中，E_{max} 为被测试水分测定仪示值误差最大值（%）；E_{min} 为被测试水分测定仪示值误差最小值（%）。

依据重复性误差测试方法，采用测试载荷大于最大秤量 80% 的单个 E2 级标准砝码 200.000 g 作为真值，对多台仪器进行了多次重复性测试，试验次数为 10 次。为了后续对不确定度进行分析计算，现将编号为 A_1 与 A_2 的水分快速测定仪的测试结果进行汇总，如表 7.7 所示。

表 7.7　水分快速测定仪重复性测试结果

序　号	水分快速测定仪 A_1		水分快速测定仪 A_2		最大允许误差 MPE/g
	示值 I/g	误差 E_r/g	示值 I/g	误差 E_r/g	
1	200.002	0.002	199.998	−0.002	±0.008
2	200.000	0.000	199.997	−0.003	±0.008
3	199.998	−0.002	200.000	0.000	±0.008
4	199.998	−0.002	200.002	0.002	±0.008
5	199.999	−0.001	199.998	−0.002	±0.008
6	200.001	0.001	199.998	−0.002	±0.008
7	200.000	0.000	200.001	0.001	±0.008
8	199.999	−0.001	199.996	−0.004	±0.008

（续表）

序　号	水分快速测定仪 A_1		水分快速测定仪 A_2		最大允许误差 MPE/g
	示值 I/g	误差 E_r/g	示值 I/g	误差 E_r/g	
9	199.998	−0.002	200.001	0.001	±0.008
10	199.997	−0.003	199.999	−0.001	±0.008

依据国家标准《烘干法水分测定仪》（JJG 658—2010）规定的 Ⅱ 级水分测定仪相关标准，对于水分快速测定仪 A_1：E_{max}=0.002 g，E_{min}=−0.003 g，$E_{max}-E_{min}$=5 mg；对于水分快速测定仪 A_2：E_{max}=0.002 g，E_{min}=−0.004 g，$E_{max}-E_{min}$=6 mg；均满足公式 $E_{max}-E_{min} \leqslant |MPE|$，即水分快速测定仪重复性要求符合国家标准。

3. 水分含量测定误差测试

在水分含量测定试验开始之前，提前准备好水分含量 95% 的氯化钠溶液，设定温度为 105 ℃，采用 1 mg/60 s 失水率判定法，选择标准烘干程序。将玻璃纤维纸放在试样盘上，在 105 ℃ 温度下，以 1 mg/60 s 失水率判定法对其进行预烘。预烘完毕后，用 5 mL 移液器移取 5 mL 氯化钠溶液，并将其尽可能均匀地滴在玻璃纤维纸上，以 1 mg/60 s 失水速度法判定，记下最终的水分值。升温过程需平缓，以免温度过冲，造成焦灼现象。参照国家标准对多台预估型烘干失重法水分快速测定仪的水分测定误差进行多次测试，得到如表 7.8 所示的测试结果。

由表 7.8 可知，在常规测定模式下，对于水分快速测定仪 A_1 最大水分测定误差为 0.37%；对于仪器 A_2，最大水分测定误差为 0.33%，优于国家标准《烘干法水分测定仪》（JJG 658—2010）规定的高准确度级水分测定仪的标准。

表 7.8 常规模式下 A_1 和 A_2 水分测定误差测试结果（5 g NaCl 溶液）

序 号	水分快速测定仪 A_1			水分快速测定仪 A_2		
	NaCl 溶液质量 /g	水分测定结果 /%	绝对误差 /%	NaCl 溶液质量 /g	水分测定结果 /%	绝对误差 /%
1	5.022	94.89	0.11	5.003	94.72	0.28
2	5.008	94.63	0.37	5.035	95.11	0.11
3	5.017	95.31	0.31	5.018	95.33	0.33
4	5.009	95.17	0.17	5.015	94.93	0.07
5	5.007	94.89	0.11	5.031	95.16	0.16
6	5.004	94.91	0.09	5.012	95.05	0.05
7	5.011	94.93	0.07	5.023	94.76	0.24
8	5.032	95.09	0.09	5.027	95.13	0.13
9	5.001	95.13	0.13	5.031	95.09	0.09
10	5.018	95.35	0.35	5.014	95.27	0.27

7.3 水分快速测定仪不确定度分析

依据国家质量技术监督局发布的《测量不确定度评定与表示》（JJF 1059.1—2012）及《烘干法水分测定仪》（JJG 1036—2010），对烘干失重法快速测定仪的测量不确定度进行分析。本节以标准氯化钠溶液为试验对象展开分析。对于水分测定仪不确定度分析可以从 A 类不确定度和 B 类不确定度两方面加以分析，A 类不确定度主要来源于测量的重复性，B 类不确定度来源于系统误差。烘干失重法水分测定仪称重系统的检验结果不确定度与偏载误差、示值误差、重复性、鉴别力及检定砝码的误差等有关。

1. 实验步骤

（1）在 105 ℃ 温度下，以 1 mg/60 s 失水率判定法，选择标准烘干程序。

（2）在试样盘上放置玻璃纤维纸，在温度为 105 ℃ 的情况下，以 1 mg/60 s 失水率判定法对其进行预烘。

（3）测量时，设定红外水分测定仪烘干温度为 105 ℃，并运行平稳。

（4）取干净的铝制试样盘，放入干燥箱内烘 30 min ～ 1 h 取出，置于干燥器内冷却至室温，取出称重，再烘 30 min，直至两次重量差不超过 0.005 g，即为恒重。

（5）预烘完毕后，用 5 mL 移液器移取 5 mL 氯化钠溶液，并将其尽可能均匀地滴在玻璃纤维纸上，随后进行水分测定，以 1 mg/60 s 失水速率法判定，记下最终的水分值。升温过程需平缓，以免温度过冲造成焦灼现象。重复上述实验，直至前后两次重量差不超过 0.000 5 g 为止。

2. 被测量数学模型

利用烘干失重法测定水分含量为

$$M(\%) = \frac{m_1 - m_2}{m_1 - m_0} \times 100\% \tag{7.3}$$

式中，m_1 和 m_2 分别为干燥前后试样及铝制试样盘的总质量（g）；m_0 为铝制试样盘的恒重质量（g）。

影响烘干失重法水分测定过程的不确定因素较多，因此在评定其测量不确定度的过程中，应充分考虑测试过程中引入的影响因素，如电子天平、红外干燥箱、测量重复性、实验操作、试样取样及计算结果的修约等。对各项因素进行归纳分析，确定烘干法水分快速测定仪测量不确定度的来源（见图 7.1），其中 3 个被测分量 m_0、m_1 和 m_2 作为称重系统的测量参数，主要受到天平校准、线性度、分辨力、干燥箱温度及实验重复性的影响。试样水分含量 M 以比值的形式计算获取，因此分子（$m_1 - m_2$）及分母（$m_1 - m_0$）因天平灵敏度引起的不确定度可以相互抵消。

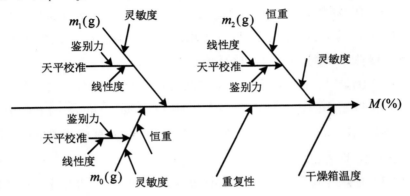

图 7.1　烘干失重法水分测定仪测量不确定度来源

7.3.1　偏载误差引入的不确定度分析

电子天平的三大计量特性为偏载误差、示值误差和重复性，而在水分快速测定仪的计量中，并不需考虑偏载的影响，其原因如下：

（1）水分测定仪的衡量装置的承载支架一般为三爪盘或四爪盘，如图 7.2 所示。承载支架的每个爪的宽度远小于承载测试砝码的底面积，无法再进行分区，否则会引起检定砝码的倾覆。

（2）水分测定仪分析的样品均为经过预处理的粉末状固体或液体样品，在分析过程中，若是粉末状固体样品，则均匀平铺在试样盘中；若是液体试样则均匀地滴在试样盘中的玻璃纤维纸上，因此位于试样盘下方的承载支架每个悬臂所受的力相对平衡，偏载的影响可以忽略不计。

（3）试样放入试样盘后，在整个测试过程中不再发生位移，通过衡量装置记录同一试样在同一位置不同温度下的质量值，计算出试样中的水分。烘干法测定水分的原理是试样烘干前后的质量差值与烘干前质量之比，由偏载引起的误差可以相互抵消。

鉴于以上原因，在水分测定过程中偏载误差及由偏载引入的不确定度已无分析价值。

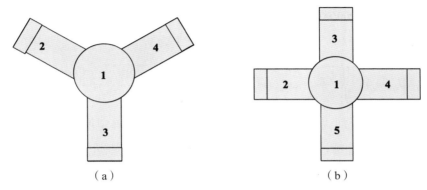

（a） （b）

图 7.2 水分测定仪承载盘示意
（a）三爪式承载盘；（b）四爪式承载盘

7.3.2 示值误差引起的不确定度

依据前述水分测定仪示值误差的测试方法，可得示值误差的表达式满足以下条件：

$$E_r = M_T - M_I \tag{7.4}$$

式中，M_T 为衡量装置的示值，M_I 为约定真值，即检定砝码的质量值。在式（7.4）中，示值即测量结果，一旦测量结束，测量结果就确定下来，不存在任何不确定的因素；若能获取真值，误差值 E_r 即为定值，不存在分散性的概念，因此不存在不确定度。但使用时的检定砝码作为约定真值，而鉴定砝码具有分散性，因此水分测定仪衡量装置的示值误差不确定度即检定砝码的不确定度。

7.3.3 检定砝码引入的不确定度

烘干失重法水分快速测定仪作为精密的仪器，在检验过程中所使用砝码的磁性、密度及自身误差都会对仪器计量性能的检验产生影响。依据《烘干法水分测定仪》（JJG 658—2010）水分测定仪的计量性能检验过程采用 E_2 级标准砝码，其取值为 0.001 0 g、10.000 0 g、20.000 0 g、50.000 0 g、100.000 0 g 和 200.000 0 g。依据《砝码检定规程》（JJG 99—2006），由检定砝码引起的不确定度 $u_w(m_r)$ 为

$$u_w(m_r) = \sqrt{(\frac{U_r}{k_{ur}})^2 + u_{inst}^2(m_r)} = \sqrt{(\frac{|MPE|}{9})^2 + (\frac{|MPE|}{9\sqrt{3}})^2} = \frac{2|MPE|}{9\sqrt{3}} \quad (7.5)$$

式中，U_r、k_{ur} 分别为 E_2 级砝码检定证书中的扩展不确定度和覆盖因子，通常取 $k_{ur}=3$。分析计算结果可知，检定砝码引起的不确定度 $u_w(m_r)$ 随砝码质量的增加而增大，假设以最大检定砝码值 200.000 0 g 对应的不确定度 $u_w(m_r)$=0.038 mg 为参考，用以计算水分快速测定仪的合成不确定度。

表 7.9　E_2 级砝码最大允许误差引起的不确定度

标称值 /g	0.010 0	10.000 0	20.000 0	50.000 0	100.000 0	200.000 0
|MPE|	0.008	0.06	0.08	0.1	0.16	0.3
$u_w(m_r)$	0.001	0.008	0.01	0.013	0.021	0.038

注：|MPE|为不同质量 E_2 级砝码对应的最大允许误差，单位 mg。$u_w(m_r)$ 为由最大允许误差引入的不确定度，单位 mg。

7.3.4　衡量装置重复性及鉴别力引入的不确定度

以表 7.8 中 A_1 号水分快速测定仪检验结果为例，介绍由称量装置重复性引入的不确定度计算过程。首先计算重复性测试示值的平均值为

$$\bar{m}_I = \frac{1}{N_R} \sum_{j=1}^{N_R} m_{Rj} = 199.999 \quad (7.6)$$

式中，N_R 为重复性检验次数。由表 7.8 可见，$N_R=10$，进一步计算重复性检验结果的标准差为

$$\sigma(m_R) = \sqrt{\frac{\sum_{i=1}^{N_R}(m_{Ri} - \overline{m}_1)^2}{N_R - 1}} \approx 0.001\,549\,g = 1.549(\,mg\,) \tag{7.7}$$

不确定度为

$$u_R = \frac{\sigma(m_R)}{\sqrt{N_R}} = \sqrt{\frac{\sum_{i=1}^{N_R}(m_{Ri} - \overline{m}_1)^2}{N_R(N_R - 1)}} = \frac{1.549}{\sqrt{10}} \approx 0.489(\,mg\,) \tag{7.8}$$

对于显示分度值 $d=1$ mg 的水分含量快速测定仪，鉴别力引起的不确定度为

$$u_d = \frac{d \times \sqrt{2}}{2\sqrt{3}} \approx 0.408(\,mg\,) \tag{7.9}$$

7.3.5　烘干装置部分引入的不确定度分析

参照《烘干法水分测定仪》(JJG 658—2010)对数显式水分测定仪测量不确定度的评判标准，水分仪的烘干装置部分不确定度的来源主要包括以下几个方面：

1. 常规模式下水分测定结果重复性引入的不确定度

常规模式下水分测定结果重复性引入的不确定度，可以采用统计分析学方法进行计算。以标准氯化钠溶液水分测定试验为例，编号为 A_1 的预估型烘干失重法水分快速测定仪水分测量结果的重复性误差如表 7.10 所示。

首先计算水分含量测定结果的平均值：

$$\bar{M}_{R} = \frac{1}{N_p} \sum_{j=1}^{N_{p1}} M_{Rj} = 95.03\% \qquad (7.10)$$

式中，N_{p1} 为重复性检验次数。由表 7.10 可知，$N_{p1}=10$。单次试验标准差为

$$\sigma(M_{R1}) = \sqrt{\frac{\sum_{i=1}^{N_{p1}}(M_{R1i} - \bar{M}_{R1})^2}{N_{p1}(N_{p1} - 1)}} \approx 0.069\% \qquad (7.11)$$

不确定度 u_{p1} 可按下式计算：

$$u_{p1} = \frac{\sigma(M_{R1})}{\bar{M}_{R1}} = \frac{0.069}{95.03} = 7.261 \times 10^{-4} \qquad (7.12)$$

表 7.10　常规模式下 A_1 水分测定误差测试结果（5 g NaCl 溶液）

序　号	NaCl 溶液质量 /g	水分测定结果 /%	序　号	NaCl 溶液质量 /g	水分测定结果 /%
1	5.022	94.89	6	5.004	94.91
2	5.008	94.63	7	5.011	94.93
3	5.017	95.31	8	5.032	95.09
4	5.009	95.17	9	5.001	95.13
5	5.007	94.89	10	5.018	95.35

2. NaCl 溶液的配比引入的不确定度分析

在水分测定结果的重复性测试过程中需要配备氯化钠国家标准物（编号：CBW06103b），所使用的 NaCl 溶液配比的扩展不确定度 $U_{NaCl} = 0.01\%$，其中扩展不确定度因子 $k_{ur}=2$，则

$$u_{NaCl} = \frac{U_{NaCl}}{k_{ur}} = \frac{0.01\%}{2} = 0.005\% \tag{7.13}$$

如表 7.10 所示，在常规模式下测定时 NaCl 溶液的平均质量为

$$\bar{m}_{1NaCl} = \frac{1}{N_{p1}} \sum_{j=1}^{N_{p1}} m_{1j} = 5.013(\,g\,) \tag{7.14}$$

在常规模式下开展水分测定试验时，由 NaCl 溶液配比引入单次试验过程的标准差绝对值为

$$u(m_{1NaCl}) = 5.013 \times 0.005\% \approx 0.251(\,mg\,) \tag{7.15}$$

3. 红外干燥箱温度均匀度与温度误差引入的不确定度

红外干燥箱温度控制误差引入的不确定度主要从温度检测误差和温度控制误差来考虑，该类不确定度属于 B 类不确定度。根据预估型烘干失重法水分快速测定仪的技术指标可见，红外干燥箱温度测量误差为 ±0.5 ℃，则其标准不确定度和相对不确定度为

$$u_{c1} = \frac{0.5}{\sqrt{3}} \approx 0.288\,7(\,℃\,) \tag{7.16}$$

$$u_{cr1} = \frac{0.288\,7}{105} \approx 2.749 \times 10^{-3} \tag{7.17}$$

红外干燥箱温度控制精度为 ±2 ℃，则其标准不确定度和相对不确定度为

$$u_{c2} = \frac{2}{\sqrt{3}} \approx 1.154\,7\ (\,℃\,) \tag{7.18}$$

$$u_{cr2} = \frac{1.1547}{105} \approx 1.099 \times 10^{-2} \tag{7.19}$$

7.4　不确定度合成

质量称量装置与烘干装置的不确定度来源如表 7.11 所示。

表 7.11　烘干失重法水分快速测定仪标准不确定度汇总表

测量项目	标准不确定度	不确定度来源	不确定度取值
质量称量装置	u_{w200}	检定砝码引入不确定度	0.038 mg
	u_R	称量装置重复性引入不确定度	0.489 mg
	u_d	鉴别力误差引入不确定度	0.408 mg
烘干装置	u_{p1}	常规模式下水分测定结果重复性引入不确定度	7.261×10^{-4}
	$u(m_{1NaCl})$	常规模式测定中 NaCl 溶液配比引入不确定度	0.251 mg
	u_{cr1}	红外干燥箱温度测量不确定度	2.749×10^{-3}
	u_{cr2}	红外干燥箱温度控制不确定度	1.099×10^{-2}

以常规测量模式下测试结构为例，对水分测量不确定度进行合成。由水分快速测定仪称量装置及烘干装置引入各项不确定度分量相互独立，依据不确定度合成方法，合成不确定度：

$$
\begin{aligned}
u_{c1} &= \sqrt{u_{w200}^2 + u_R^2 + u_d^2 + u_{p1}^2 + u(m_{1NaCl})^2 + u_{cr1}^2 + u_{cr2}^2} \\
&= \sqrt{\begin{array}{l} 0.038^2 + 0.489^2 + 0.408^2 + (7.261 \times 10^{-4})^2 + \\ 0.251^2 + (2.749 \times 10^{-3})^2 + (1.099 \times 10^{-2})^2 \end{array}} \\
&\approx 0.665\%
\end{aligned}
\tag{7.20}
$$

合成不确定度的相对值：

$$
u_{c1}' = \frac{u_{c1}}{M_{1NaCl}} = \frac{0.665\%}{95.03} \approx 0.006\,9\%
\tag{7.21}
$$

若采用扩展不确定度加以表示，取饱和因子 $k_u=2$（置信限为 95%），则标准氯化钠溶液水分测定的扩展不确定度为

$$0.006\ 9\% \times 2 = 0.013\ 9\%（k_u = 2）\tag{7.22}$$

则常规模式下标准氯化钠溶液水分含量测定结果可表示为

$$M_{1\text{NaCl}} = 95\% \pm 0.013\ 9\%(k_u = 2)\tag{7.23}$$

由以上分析和计算过程可知，在氯化钠溶液水分含量测定试验中，仪器测量结果的扩展不确定度为 0.0139%。

7.5　本章小结

仪器的测量不确定度分析是一种用于评估测量结果的可靠性和精确度的方法。在科学和工程领域中，测量不确定度分析对于正确解释和使用测量结果非常重要。测量不确定度分析的过程包括以下几个关键步骤：

（1）确定测量目标。首先要明确测量的目标和所要测量的物理量，如测量长度、质量、温度等。

（2）识别影响因素。确定可能影响测量结果的各种因素，包括系统误差、随机误差、环境条件等。系统误差是由仪器固有的偏差或不准确性引起的，随机误差是由测量过程中的各种不确定因素引起的。

（3）评估影响因素。对每个影响因素进行定量评估，并确定其对测量结果的贡献。这可以通过实验数据、厂商提供的规格或者学到的经验知识来获得。

（4）不确定度计算。根据所得到的影响因素评估结果，使用合适的数学方法计算测量结果的不确定度。常见的方法包括标准不确定度、扩展不确定度和置信区间等。

（5）不确定度表达。将计算得到的不确定度以适当的形式表达出来，通常会给出一个数值和单位。

（6）结果解释。对测量结果进行解释和使用。需要注意的是，测量不确定度并不表示测量结果的范围，而是关于测量结果的置信水平。

分析测量不确定度是为了对测量结果进行合理评估，并帮助用户了解测量结果的可靠性和精确度。通过了解测量的不确定度，可以更好地解释测量结果，并在科学研究、工程设计和质量控制等领域中做出准确的决策。

本章参照国家检定规程《烘干法水分测定仪》（JJG 658—2010）给出了烘干失重法水分测定仪检定过程的一般步骤和流程，并对示值误差、重复性误差及水分误差等计量性能进行了测试，分析了烘干失重法水分测定仪误差的来源。根据烘干失重法的基本原理建立模型，从质量衡量装置和红外干燥箱两个方面进行分析，并计算了烘干失重法水分测定仪的测量不确定度。

参考文献

[1] BUSTILLOS C G, BORA M, KING G, et al. Moisture ingress in commercial steel drums: water content determination, diffusion modelling and predicted permeation rates[J]. Packaging Technology and Science, 2023, 36(5)：329−347.

[2] 滕召胜．水分检测技术及其智能信息处理方法的研究 [D]. 长沙：湖南大学，1998.

[3] 国家统计局．国家统计局关于 2022 年粮食产量数据的公告 [EB/OL]. (2022−12−12) [2023−11−16]. https://www.stats.gov.cn/sj/zxfb/202302/t20230203_1901673.html.

[4] 孙中叶，李治．保障粮食安全须重视损耗问题 [EB/OL].(2022−06−21) [2023−11−24] https://m.gmw.cn/baijia/2022−06/21/35824356.html.

[5] 沈尧烈，刘兆丰，马守义，等．粮食仓储设备 [M].北京：机械工业出版社，2002.

[6] 潘永康，王喜忠，刘相东．现代干燥技术 [M]. 2 版．北京：化学工业出版社，2007.

[7] 全国粮油标准化技术委员会．粮油储藏技术规范：GB/T 29890—2013[S].北京：中国标准出版社，2013.

[8] 全国粮油标准化技术委员会．大米：GB/T 1354—2018 [S]. 北京：中国标准出版社，2018.

[9] 聂振邦．粮食流通管理条例培训教程 [M].北京：中国物资出版社，2004.

[10]   YANG Y J, XIA Y J, WANG G Q, et al. Effect of mixed yeast starter on

volatile flavor compounds in Chinese rice wine during different brewing stages[J]. LWT–Food Science and Technology, 2017, 78(1): 373–381.

[11] 周光理 . 食品分析与检验技术 [M]. 北京 : 化学工业出版社 , 2010.

[12] 朱文学 . 食品干燥原理与技术 [M]. 北京 : 科学出版社 , 2009.

[13] 常建华 , 董绮功 . 波谱原理及解析 [M]. 3 版 . 北京 : 科学出版社 , 2001.

[14] SALEHI F, SATORABI M. Influence of infrared drying on drying kinetics of apple slices coated with basil seed and xanthan gums[J]. International Journal of Fruit Science, 2021, 21(1): 519–527.

[15] KHODIFAD B C, DHAMSANIYA N K. Drying of food materials by microwave energy–A review[J]. International Journal of Current Microbiology and Applied Sciences, 2020, 9(5): 1950–1973.

[16] 中华人民共和国环境保护部 . 土壤 干物质和水分的测定 重量法 : HJ 613—2011[S]. 北京 : 中国环境科学出版社 , 2011.

[17] 全国水产标准化技术委员会水产品加工分技术委员会 . SC/T 3212—2017 盐渍海带 [S]. 北京 : 中国农业出版社 , 2017.

[18] 全国粮油标准化技术委员会 . 粮油检测 玉米水分测定 : GB/T 10362—2008 [S]. 北京 : 中国标准出版社 , 2008.

[19] 中华人民共和国农业农村部 . 畜禽肉水分限量 : GB/T 18394—2020 [S]. 北京 : 中国标准出版社 , 2020.

[20] 全国盐业标准化技术委员会 . 制盐工业通用试验方法 水分的测定 : GB/T 13025.3—2012 [S]. 北京 : 中国标准出版社 , 2012.

[21] 国家药典委员会 . 中华人民共和国药典 : 2015 年版 四部 [M]. 北京 : 中国医药科技出版社 , 2015.

[22] 中华人民共和国建设部 . 普通混凝土用砂、石质量及检验方法标准 : JGJ 52—2006[S]. 北京 : 中国建筑工业出版社 , 2006.

[23] 苏祎 . 对烘干法水分分析原理的研究 [J]. 中国计量 , 2009(2): 67–70.

[24] 裴从莹 , 叶青 , 王海峰 , 等 . 共沸蒸馏 – 卡尔 · 费休库仑法测量原油水分含量 [J]. 计量技术 , 2017(9): 13–18.

[25] 冯志强, 张剑锋, 郝光辉, 等. 电容法和电阻法谷物水分测定仪示值误差测量不确定度评定 [J]. 中国计量, 2022 (12): 99−102.

[26] LI C, ZHANG X, MENG M, et al. Capacitive online corn moisture content sensor considering porosity distributions: modeling, design, and experiments[J]. Applied Sciences, 2021, 11(16): 7655−7070.

[27] ADNAN A, VON HÖRSTEN D, PAWELZIK E, et al. Rapid prediction of moisture content in intact green coffee beans using near infrared spectroscopy[J]. Foods, 2017, 6(5): 38−49.

[28] SILVA L A P, BRITO-FILHO F A, ANDRADE H D. Analysis of metamaterial-inspired soil moisture microwave sensor[J]. Microwave and Optical Technology Letters, 2022, 64(3): 422−427.

[29] RENSHAW R C , DIMITRAKIS G A , ROBINSON J P. Mathematical modelling of dielectric properties of food with respect to moisture content using adapted water activity equations[J]. Journal of Food Engineering, 2021(Jul.): 300.

[30] 张越, 赵进, 赵丽清, 等. 基于介电特性谷物水分在线测量仪的设计与试验 [J]. 中国农机化学报, 2020, 41(5): 105−110.

[31] 周宁, 邓磊, 陈以水, 等. 中子水分仪现场职业性外照射个人剂量监测分析 [J]. 中华放射医学与防护杂志, 2012, 32(6): 646−647.

[32] SELCUK B, OZTOP M H,DENIZ C D. Monitoring and modelling of moisture content with nuclear magnetic resonance(NMR)[J]. International journal of food engineering, 2023, 19(6): 279−288.

[33] WANG H, INAGAKI T, HARTLEY I D, et al. Determination of Dielectric Function of Water in THz Region in Wood Cell Wall Result in an Accurate Prediction of Moisture Content[J]. Journal of Infrared, Millimeter and Terahertz Waves, 2019, 40(6): 673−687.

[34] AHN J Y, KIL D Y, KONG C, et al. Comparison of oven−drying methods for determination of moisture content in feed ingredients[J]. 2014, 27(11):

1615−1622.

[35] ONWUDE D I, HASHIM N, ABDAN K, et al. Modelling of coupled heat and mass transfer for combined infrared and hot−air drying of sweet potato[J]. Journal of Food Engineering, 2018, 228：12−24.

[36] SÜFER Ö, SEZER S, DEMIR H. Thin layer mathematical modeling of convective, vacuum and microwave drying of intact and brined onion slices[J]. Journal of Food Processing and Preservation, 2017, 41(6): 158−163.

[37] 张凯旋. 水分测定天平红外干燥箱温度智能控制方法研究 [D]. 长沙：湖南大学, 2015.

[38] 林海军, 滕召胜, 凌菁. 水分测定天平的温度复合智能控制方法研究 [J]. 电子测量与仪器学报, 2007, 21(6): 109−113.

[39] 滕召胜, 杨宇祥, 杨雁. 水分快速测定的一种实时信息处理方法 [J]. 湖南大学学报：自然科学版, 2002, 29(1): 80−84.

[40] 林海军, 王震宇, 林亚平, 等. 基于导数约束的称重传感器非线性误差补偿方法 [J]. 传感技术学报,2013(11): 1537−1542.

[41] 邱伟, 唐求, 林海军, 等. 基于 PSO−LSSVM 的水分仪称重传感器非线性补偿研究 [J]. 仪器仪表学报, 2017, 38(3): 757−764.

[42] 凌菁, 林海军. 基于 DSP 的新型水分测定仪 [J]. 仪表技术与传感器, 2008 (11): 36−38, 44.

[43] 凌菁, 滕召胜, 张凯旋. 基于 Pt100 的红外干燥箱动态温度补偿方法研究 [J]. 电子测量与仪器学报, 2016, 30(4): 542−549.

[44] 天津市晨辉饲料有限公司. 一种多功能水分测定仪：中国, 2016207273998 [P]. 2016. 07. 12.

[45] 鹤壁市仪表厂有限责任公司. 新型水分测定仪：中国, 992373360 [P]. 1999. 03. 16.

[46] 李建闽. 基于MSP430F5438的新型水分测定仪设计 [D]. 长沙：湖南大学, 2012.

[47] 苏祎 . 烘干法水分测定仪 [M]. 北京 : 中国质检出版社 , 2011.

[48] 杨雁 . 新型水分快速测定电子天平研究 [D]. 长沙 : 湖南大学 , 2003.

[49] 李超 . 电容法和电阻法谷物水分测定仪测量不确定度评定 [J]. 计量与测试技术 , 2022(3): 121−122.

[50] 宋方丹 , 张若宇 , 杨萍 , 等 . 电阻和电容信息融合的籽棉回潮率检测 [J]. 农机化研究 , 2023(12): 175−180.

[51] 滕召胜 , 宁乐炜 , 张海霞 , 等 . 粮食干燥机水分在线检测系统研究 [J]. 农业工程学报 , 2004, 20(5): 130−133.

[52] 张亚秋 . 粮食干燥过程水分检测与自动控制 [D]. 长春 : 吉林大学 , 2012.

[53] 刘伟 , 范爱武 , 黄晓明 . 多孔介质传热传质理论与应用 [M]. 北京 : 科学出版社 , 2006.

[54] 王璐瑶 . 含湿多孔介质干燥过程传热传质的数值模拟 [D]. 大连 : 大连理工大学 , 2011.

[55] 陈宝明 , 刘芳 , 云和明 . 多孔介质自然对流传热传质 [M]. 北京 : 科学出版社 , 2016.

[56] 张绪坤 , 苏志伟 , 王学成 , 等 . 污泥过热蒸汽与热风薄层干燥的湿分扩散系数和活化能分析 [J]. 农业工程学报 , 2013(22): 226−235.

[57] 阚伟 , 刘宇辉 , 朱明远 . 物理化学理论与应用研究 [M]. 北京 : 中国水利水电出版社 , 2014.

[58] 李长友 . 粮食干燥解析法 [M]. 北京 : 科学出版社 , 2018.

[59] 卢卫 . 生物质干燥系统的优化与节能研究 [D]. 天津 : 天津科技大学 , 2016.

[60] 王会林 . 可变形多孔介质对流干燥过程热质传递机理研究 [D]. 北京 : 北京化工大学 , 2015.

[61] 曾岩 , 曹崇江 , 李竹心 , 等 . 紫苏智慧排湿干燥过程的干燥动力学及品质变化规律研究 [J]. 食品工业科技 , 2022, 43(16): 263−273.

[62] 杨明 . 多孔介质热质传递耦合形式分析 [D]. 昆明 : 昆明理工大学 , 2017.

[63] LUIKOV A V. Systems of differential equations of heat and mass transfer in

capillary-porous bodies(review)[J]. International Journal of Heat & Mass Transfer, 1975, 18(1): 1-14.

[64] 褚治德. 红外辐射加热干燥理论与工程实践 [M]. 北京 : 化学工业出版社 , 2019.

[65] 陈永甫. 红外辐射红外器件与典型应用 [M]. 北京 : 电子工业出版社 , 2004.

[66] OBANDO J, CADAVID Y, AMELL A. Theoretical, experimental and numerical study of infrared radiation heat transfer in a drying furnace[J]. Applied Thermal Engineering, 2015, 90(7): 395-402.

[67] SANDU C. Infrared radiative drying in food engineering: A process analysis[J]. Biotechnology Progress, 1986, 2(3): 109-119.

[68] 刘国丽. 红外辐射加热用于食品物料干燥的研究 [D]. 天津 : 天津科技大学 , 2014.

[69] 李亚. 水分测定天平红外干燥箱温度场仿真技术研究 [D]. 长沙 : 湖南大学 , 2016.

[70] 陈登宇. 干燥和烘焙预处理制备高质量生物质原料的基础研究 [D]. 合肥 : 中国科学技术大学 , 2013.

[71] 穆朱姆达. 工业化干燥原理与设备 [M]. 张慜 , 范柳萍 , 译 . 北京 : 中国轻工业出版社 , 2007.

[72] 凌菁 , 滕召胜 , 林海军 , 等 . 烘干失重法水分快速检测的预估融合方法 [J]. 仪器仪表学报 , 2018, 39(2): 47-55.

[73] 刘相东 , 杨彬彬 . 多孔介质干燥理论的回顾与展望 [J]. 中国农业大学学报 , 2005, 10(4): 81-92.

[74] 张乐道. 微尺度效应及其在果蔬干燥中的应用 [M]. 北京 : 中国纺织出版社有限公司 , 2022.

[75] 余群力 , 冯玉萍 . 家畜副产物综合利用 [M]. 北京 : 中国轻工业出版社 , 2014.

[76] 李寿星. 筛网的目与筛孔直径 [J]. 湖北农学院学报 , 1999(1): 94.

[77] MUGA F C, MARENYA M O, WORKNEH T S. Modelling the thin-layer drying kinetics of marinated beef during infrared-assisted hot air processing of biltong[J]. International Journal of Food Science, 2021(11): 1-14.

[78] YADAV G, GUPTA N, SOOD M, et al. Infrared heating and its application in food processing[J]. The Pharma Innovation Journal, 2020, 9(2): 142-151.

[79] LING J, TENG Z S, LIN H J, et al. Infrared drying kinetics and moisture diffusivity modeling of pork[J]. International Journal of Agricultural & Biological Engineering, 2017, 10(3): 302-311.

[80] 凌菁, 滕召胜, 林海军, 等. 烘干失重法肉类水分检测预估融合方法 [J]. 仪器仪表学报, 2015, 36(2): 318-326.

[81] WU X F, ZHANG M, LI Z Q. Influence of infrared drying on the drying kinetics, bioactive compounds and flavor of Cordyceps militaris[J]. LWT-Food Science & Technology, 2019, 111: 790-798.

[82] 全国粮油标准化技术委员会. 小米: GB/T 11766—2008[S]. 北京: 中国标准出版社, 2009.

[83] ONWUDE D I, HASHIM N, ABDAN K, et al. Modelling the mid-infrared drying of sweet potato: kinetics, mass and heat transfer parameters, and energy consumption[J].Heat and Mass Transfer, 2018, 54(10):2917-2933.

[84] DOYMAZ I, TUGRUL N, PALA M. Drying characteristics of dill and parsley leaves[J]. Journal of Food Engineering, 2006, 77(3): 559-565.

[85] 胡建军, 沈胜强, 师新广, 等. 棉花秸秆等温干燥特性试验研究及回归分析 [J]. 太阳能学报, 2008, 29(1): 100-104.

[86] DEFENDI R O, NICOLIN D J, PARAÍSO P R, et al. Assessment of the initial moisture content on soybean drying kinetics and transport properties[J]. Drying Technology, 2016, 34(3): 360-371.

[87] DEMIR V, GUNHAN T, YAGCIOGLU A K. Mathematical modelling of convection drying of green table olives[J]. Biosystems Engineering, 2007, 98(1): 47-53.

[88] GHASEMI A, CHAYJAN R A. Optimization of pelleting and infrared-convection drying processes of food and agricultural waste using response surface methodology(RSM)[J]. Waste and Biomass Valorization, 2019,10: 1711-1729.

[89] 吴志生, 杜敏, 潘晓宁, 等. 粒径对多类中药材 NIR 频谱区的检测研究 [J]. 中国中药杂志 , 2015, 40(2): 287-291.

[90] SCAAR H, FRANKE G, WEIGLER F, et al. Experimental and numerical study of the airflow distribution during mixed-flow grain drying[J]. Drying Technology, 2016, 34(5): 595-607.

[91] GENTA K, HITOSHI K, NAONOBU U, et al. Drying condition and qualities of rapeseed and sunflower[J]. Japan Agricultural Research Quarterly, 2010, 44(2): 173-178.

[92] PADALKAR M V, PLESHKO N. Wavelength-dependent penetration depth of near infrared radiation into cartilage[J]. Analyst, 2015, 140(7): 2093-2100.

[93] 谭建军, 孙玲姣, 郎建勋. 传感器原理实验 [M]. 北京 : 科学出版社 , 2015.

[94] 黄发琳, 马海乐, 刘伟民. 真空微波干燥胡萝卜的恒速干燥速度及临界含水量的实验和回归模型 [J]. 食品工业科技 , 2009(12): 139-141.

[95] 刘春山. 远红外对流组合谷物干燥机理与试验研究 [D]. 长春 : 吉林大学 , 2014.

[96] 杨玲. 甘蓝型油菜籽热风干燥传热传质研究 [D]. 重庆 : 西南大学 , 2012.

[97] ROHANIAN S, MOVAGHARNEJAD K. Mathematical modeling and experimental analysis of potato thin-layer drying in an infrared-convective dryer[J]. Engineering in Agriculture Environment & Food, 2016, 9(1): 84-91.

[98] 曾目成, 毕金峰, 陈芹芹, 等. 猕猴桃切片中短波红外干燥特性及动力学模型 [J]. 现代食品科技 , 2014(1): 153-159.

[99] LING J, TENG Z S, WEN H, et al. Infrared drying kinetics and moisture diffusivity modeling of pork[J]. International Journal of Agricultural and Biological Engineering, 2017, 10(3): 302−311.

[100] 陈登宇，张栋，朱锡锋. 秸秆等温干燥热质传输机理研究 (I): TG/DSC 实验分析 [J]. 太阳能学报，2011, 32(9): 1355−1360.

[101] 黄艳，黄建立，郑宝东. 银耳微波真空干燥特性及动力学模型 [J]. 农业工程学报，2010, 26(4): 362−367.

[102] 李汴生，刘伟涛，李丹丹，等. 糖渍加应子的热风干燥特性及其表达模型 [J]. 农业工程学报，2009, 25(11): 330−335.

[103] NADI F, RAHIMI G H, YOUNSI R, et al. Numerical simulation of vacuum drying by Luikov's equations[J]. Drying Technology, 2012, 30(2): 197−206.

[104] 应巧玲，励建荣，傅玉颖，等. 食品薄层干燥技术的研究进展 [J]. 中国粮油学报，2010, 25(5): 115−119.

[105] CHEN N N, CHEN M Q, FU B A, et al. Far−infrared irradiation drying behavior of typical biomass briquettes[J]. Energy, 2017, 121: 726−738.

[106] 黄强，滕召胜，唐享，等. 电子分析天平温度漂移的加权融合补偿方法 [J]. 电子测量与仪器学报，2015, 29(8): 1121−1129.

[107] 黄强，滕召胜，唐享，等. 电磁力平衡传感器非线性的温度影响与补偿[J]. 仪器仪表学报，2015, 36(6): 1415−1423.

[108] LEI B T, YI P X, LI Y H, et al. A temperature drift compensation method for pulsed eddy current technology[J]. Sensors, 2018, 18(6): 1952.

[109] 哈尔滨佳云科技有限公司. 一种传感器零点漂移自动在线跟踪方法：中国，201210103798[P]. 2012. 04. 11.

[110] 杨进宝，汪鲁才. 称重传感器非线性误差自适应补偿方法 [J]. 计算机工程与应用，2011, 47(16): 243−246.

[111] 龟冈纮一. 现代称重技术 [M]. 北京：中国计量出版社，2000.

[112] 何道清，张禾，石明江. 传感器与传感器技术 [M]. 北京：科学出版社，2020.

[113] HUANG Q, TENG Z S, TANG X, et al. Mass measurement method for the electronic balance based on continuous−time sigma−delta modulator[J]. IEEE Transactions on Instrumentation & Measurement, 2016, 65(6): 1300−1309.

[114] WENSINK A H, BOER M J D, WIEGERINK R J, et al. First micromachined silicon load cell for loads up to 1000 kg [J]. Proceedings of SPIE−The International Society for Optical Engineering, 2017, 3514: 424−430.

[115] 韩家德, 路义萍, 李炳熙. 板式红外辐射器辐照均匀性改善研究 [J]. 哈尔滨工业大学学报, 2006, 38(6): 965−968.

[116] DA SILVA A C, SARTURI H J, DALL'OGLIO E L, et al. Microwave drying and disinfestation of Brazil nut seeds[J]. Food Control, 2016, 70: 119−129.

[117] 刘燕. 基于 DSP 的水分测定电子天平研究 [D]. 长沙: 湖南大学, 2006.

[118] ONWUDE D, HASHIM N, NAWI N, et al. Evaluation of a suitable thin layer model for drying of pumpkin under forced air convection[J]. International Food Research Journal, 2016, 23(3): 1173−1181.

[119] KAYRAN S, DOYMAZ I. Infrared drying and effective moisture diffusivity of apricot halves: influence of pretreatment and infrared power[J]. Journal of Food Processing & Preservation, 2017, 41(2): 1024−1031.

[120] NETO A M B, MARQUES L G, PRADO M M, et al. Mass transfer in infrared drying of gel−coated seeds[J]. Advances in Chemical Engineering & Science, 2014, 4(1): 39−48.

[121] WANG D, ZHANG M, JU R, et al. Novel drying techniques for controlling microbial contamination in fresh food: a review[J]. Drying Technology: An International Journal, 2023, 41(2): 172−189.

[122] RIADH M H, AHMAD S A B, MARHABAN M H, et al. Infrared heating in food drying: an overview[J]. Drying Technology, 2015, 33(1/4): 322−335.

[123] 王相友, 张海鹏, 张丽丽, 等. 胡萝卜切片红外干燥特性与数学模型 [J]. 农业机械学报, 2013, 44(10): 198−202.

[124] 林喜娜, 王相友. 苹果切片红外辐射干燥模型建立与评价 [J]. 农业机械学报, 2010(6): 128−132.

[125] SALEHI F. Recent applications and potential of infrared dryer systems for drying various agricultural products: A review[J]. International Journal of Fruit Science, 2020, 20(3): 586−602.

[126] ZAREIN M, SAMADI S H, GHOBADIAN B. Investigation of microwave dryer effect on energy efficiency during drying of apple slices[J]. Journal of the Saudi Society of Agricultural Sciences, 2015, 14(1): 41−47.

[127] TALENS C, CASTRO−GIRALDEZ M, FITO P J. A thermodynamic model for hot air microwave drying of orange peel[J]. Journal of Food Engineering, 2016, 175: 33−42.

[128] LIU Y H, ZHU W X , LUO L. A mathematical model for vacuum far−infrared drying of potato slices[J]. Drying Technology, 2014, 32(1/4): 180−189.

[129] DARVISHI H, ASL A R, ASGHARI A, et al. Study of the drying kinetics of pepper[J]. Journal of the Saudi Society of Agricultural Sciences, 2014, 13(2): 130−138.

[130] ONI O K, AJALA A S, OLOYE A O. Effect of different drying methods on the drying kinetics of fermented cardaba banana peels[J]. FUOYE Journal of Engineering and Technology, 2021, 6(2): 1−10.

[131] WU J Z, ZHANG H W, LI F. A study on drying models and internal stresses of the rice kernel during infrared drying[J]. Drying Technology, 2016, 35(5/8): 680−688.

[132] VENKITASAMY C, BRANDL M T, WANG B N, et al. Drying and decontamination of raw pistachios with sequential infrared drying, tempering and hot air drying[J]. International Journal of Food Microbiology, 2017, 246: 85−91.

[133] KRISHNAMURTHY K, KHURANA H K, SOOJIN J, et al. Infrared heating

in food processing : an overview[J]. Comprehensive Reviews in Food Science & Food Safety, 2008, 7(1): 2–13.

[134] 吴凌飞，崔鹏，裴健，等 . 图神经网络 : 基础，前沿与应用 [M]. 北京 : 人民邮电出版社 , 2022.

[135] 郭广颂，文振华，郝国生 . 基于灰支持向量回归机预测适应值的交互式集合进化计算 [J]. 控制与决策 , 2020, 35(2):309–318.

[136] 朱文学，孙淑红，陈鹏涛，等 . 基于 BP 神经网络的牡丹花热风干燥含水率预测模型 [J]. 农业机械学报 , 2011(8): 128–130, 137.

[137] 王定成 . 支持向量机建模预测与控制 [M]. 北京 : 气象出版社 , 2009.

[138] 蔡春 . 支持向量机数据扰动分析 [M]. 北京 : 清华大学出版社 , 2019.

[139] 陈立生 . 基于支持向量机的木材干燥预测控制技术 [D]. 哈尔滨 : 东北林业大学 , 2011.

[140] 甘露萍 . 基于机器视觉技术的鲜烟叶含水量模型研究 [D]. 重庆 : 西南大学 , 2009.

[141] 梁高震，胡斌，董春旺，等 . 基于机器视觉的工夫红茶萎凋叶水分检测 [J]. 石河子大学学报 : 自然科学版 , 2019, 37(1): 79–86.

[142] 褚小立 . 近红外光谱分析技术实用手册 [M]. 北京 : 机械工业出版社 , 2016.

[143] 陈李品，于繁千惠，陶然，等 . 基于高光谱成像技术预测牡蛎干制加工过程中的水分含量 [J]. 中国食品学报 , 2020(7): 261–268.

[144] 迪尼 . 自适应滤波算法与实现 [M]. 2 版 . 北京 : 电子工业出版社 , 2004.

[145] 翟国栋 . 误差理论与数据处理 [M]. 北京 : 科学出版社 , 2016.

[146] 曹立平 . 中国衡器实用技术手册 [M]. 北京 : 中国计量出版社 , 2005.

[147] 王有贵，吴双双，陈红江 . 称重传感器蠕变误差的神经网络补偿方法 [J]. 计量学报 , 2018, 39(4): 510–514.

[148] 吕茜，王祖强 . 最小二乘法在称重数据补偿上的改进及应用 [J]. 自动化仪表 , 2011, 32(2): 5.

[149] 张延响，程学珍，杨吉语，等 . 基于曲线拟合的智能称重传感器自校正 [J].

微型机与应用, 2017(5): 65−68.

[150] 基里阿纳基, 尤里斯, 西巴克, 等. 智能传感器数据采集与信号处理 [M]. 高国富, 罗均, 谢少荣, 等, 译. 北京: 化学工业出版社, 2006.

[151] 师黎. 智能控制理论及应用 [M]. 北京: 清华大学出版社, 2009.

[152] 张瑜, 张升伟. 基于铂电阻传感器的高精度温度检测系统设计 [J]. 传感技术学报, 2010, 23(3): 311−314.

[153] 温昱. 软件架构设计 [M]. 北京: 电子工业出版社, 2007.

[154] 黄强. 基于 DLS 的智能电子分析天平研究 [D]. 长沙: 湖南大学, 2017.

[155] BARTLETT J W, FROST C. Reliability, repeatability and reproducibility: analysis of measurement errors in continuous variables[J]. Ultrasound in Obstetrics & Gynecology, 2008, 31(4): 466−475.

[156] 全国质量密度计量技术委员会. 砝码: JJG 99—2022[S]. 北京: 中国标准出版社, 2022.

[157] 全国认证认可标准化技术委员会. 测量不确定度评定与表示: GB/T 27418—2017[S]. 北京: 中国标准出版社, 2018.

[158] 谢少锋, 陈晓怀, 张勇斌, 等. 测量系统不确定度分析及其动态性研究 [J]. 计量学报, 2002, 23(3): 237−240.

[159] 科尔曼, 斯蒂尔. 实验, 验证和不确定度分析 [M]. 曹夏昕, 边浩志, 丁铭, 译. 北京: 国防工业出版社, 2022.

[160] 刘新月, 姜东华, 罗正刚, 等. 茶叶水分测定的不确定度评定 [J]. 云南大学学报: 自然科学版, 2011(S2): 467−469.

[161] 张合明, 闫亚明, 刘朝贤, 等. 压力对烟丝干燥有效扩散系数的影响 [J]. 烟草科技, 2011, 47(6): 5−8.

[162] DE SOUZA FILHO C A, LIMA A M N, NEFF F H. Modeling and temperature drift compensation method for surface plasmon resonance based sensors[J]. IEEE Sensors Journal, 2017, 17(19): 6246−6257.

索 引